ⓦ 완자

공부력

KB118893

ⓠ 왜 공부력을 키워야 할까요?

쓰기력

정확한 의사소통의 기본기이며 논리의 바탕

연필을 잡고 종이에 쓰는 것을 괴로워한다!

맞춤법을 몰라 정확한 쓰기를 못한다!

말은 잘하지만 조리 있게 쓰는 것이 어렵다!

그래서 글쓰기의 기본 규칙을 정확히 알고

써야 공부 능력이 향상됩니다.

어휘력

교과 내용 이해와 독해력의 기본 바탕

어휘를 몰라서 수학 문제를 못 푼다!

어휘를 몰라서 사회, 과학 내용 이해가 안 된다!

어휘를 몰라서 수업 내용을 따라가기 어렵다!

그래서 교과 내용 이해의 기본 바탕을

다지기 위해 어휘 학습을 해야 합니다.

독해력

모든 교과 실력 향상의 기본 바탕

글을 읽었지만 무슨 내용인지 모른다!

글을 읽고 이해하는 데 시간이 오래 걸린다!

읽어서 이해하는 공부 방식을 거부하려고 한다!

그래서 통합적 사고력의 바탕인 독해 공부로

교과 실력 향상의 기본기를 닦아야 합니다.

계산력

초등 수학의 핵심이자 기본 바탕

계산 과정의 실수가 잦다!

계산을 하긴 하는데 시간이 오래 걸린다!

계산은 하는데 계산 개념을 정확히 모른다!

그래서 계산 개념을 익히고 속도와 정확성을

높이기 위한 훈련을 통해 계산력을 키워야 합니다.

세상이 변해도
배움의 즐거움은
변함없도록

시대는 빠르게 변해도
배움의 즐거움은
변함없어야 하기에

어제의 비상은
남다른 교재부터
결이 다른 콘텐츠
전에 없던 교육 플랫폼까지

변함없는 혁신으로
교육 문화 환경의 새로운 전형을
실현해왔습니다.

비상은 오늘, 다시 한번
새로운 교육 문화 환경을 실현하기 위한
또 하나의 혁신을 시작합니다.

오늘의 내가 어제의 나를 초월하고
오늘의 교육이 어제의 교육을 초월하여
배움의 즐거움을 지속하는 혁신,

바로, 메타인지 기반 완전 학습을.

상상을 실현하는 교육 문화 기업 비상

메타인지 기반 완전 학습
초월을 뜻하는 meta와 생각을 뜻하는 인지가 결합한 메타인지는
자신이 알고 모르는 것을 스스로 구분하고 학습계획을 세우도록 하는
궁극의 학습 능력입니다. 비상의 메타인지 기반 완전 학습 시스템은
잠들어 있는 메타인지를 깨워 공부를 100% 내 것으로 만들도록 합니다.

초등 수학 계산 단계별 구성

1A	1B	2A	2B	3A	3B
9까지의 수	100까지의 수	세 자리 수	네 자리 수	세 자리 수의 덧셈	곱하는 수가 한·두 자리 수인 곱셈
9까지의 수 모으기, 가르기	받아올림이 없는 두 자리 수의 덧셈	받아올림이 있는 두 자리 수의 덧셈	곱셈구구	세 자리 수의 뺄셈	나누는 수가 한 자리 수인 나눗셈
한 자리 수의 덧셈	받아내림이 없는 두 자리 수의 뺄셈	받아내림이 있는 두 자리 수의 뺄셈	길이(m, cm)의 합과 차	나눗셈의 의미	분수로 나타내기, 분수의 종류
한 자리 수의 뺄셈	100이 되는 더하기, 10에서 빼기	세 수의 덧셈과 뺄셈	시각과 시간	곱하는 수가 한 자리 수인 곱셈	들이·무게의 합과 차
50까지의 수	받아올림이 있는 (몇)+(몇), 받아내림이 있는 (십몇)-(몇)	곱셈의 의미		길이(cm와 mm, km와 m)· 시간의 합과 차	
				분수와 소수의 의미	

초등 수학의 핵심! **수, 연산, 측정, 규칙성** 영역에서
핵심 개념을 쉽게 이해하고, 다양한 계산 문제로 계산력을 키워요!

4A	4B	5A	5B	6A	6B
큰 수	분모가 같은 분수의 덧셈	자연수의 혼합 계산	수 어림하기	나누는 수가 자연수인 분수의 나눗셈	나누는 수가 분수인 분수의 나눗셈
각도의 합과 차, 삼각형·사각형의 각도의 합	분모가 같은 분수의 뺄셈	약수와 배수	분수의 곱셈	나누는 수가 자연수인 소수의 나눗셈	나누는 수가 소수인 소수의 나눗셈
세 자리 수와 두 자리 수의 곱셈	소수 사이의 관계	약분과 통분	소수의 곱셈	비와 비율	비례식과 비례배분
나누는 수가 두 자리 수인 나눗셈	소수의 덧셈	분모가 다른 분수의 덧셈	평균	직육면체의 부피	원주, 원의 넓이
	소수의 뺄셈	분모가 다른 분수의 뺄셈		직육면체의 겉넓이	
		다각형의 둘레와 넓이			

특징과 활용법

하루 4쪽 공부하기

✳ 차시별 공부

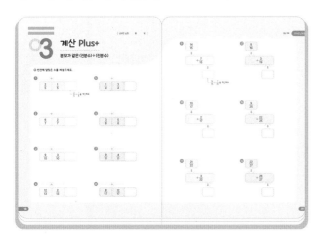

✳ 차시 섞어서 공부

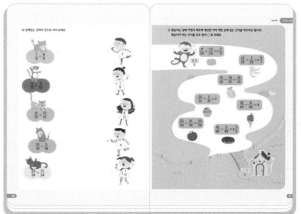

✳ 하루 4쪽씩 공부하고, 채점한 후, 틀린 문제를 다시 풀어요!

✅ 책으로 하루 4쪽 공부하며, 초등 계산력을 키워요!

✅ 모바일로 공부한 내용을 복습하고 몬스터를 잡아요!

공부한 내용 확인하기

모바일로 복습하기

※ **단원별 계산 평가**

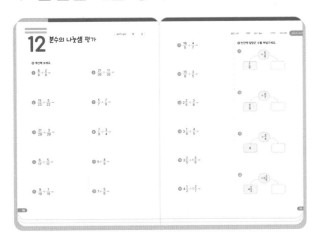

앱 다운받기　　책 인증하기

※ **단계별 계산 총정리 평가**

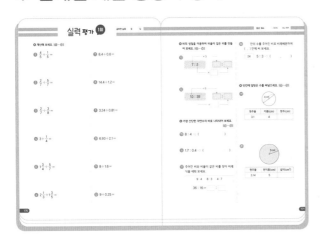

※ 그날 배운 내용을 바로바로,
또는 주말에 모아서 복습하고,
다이아몬드 획득까지! 💎
공부가 저절로 즐거워져요!

※ 평가를 통해 공부한 내용을 확인해요!

차례

1 분수의 나눗셈

(분수)÷(자연수)를 바탕으로
(분수)÷(분수)를 계산하는 것이 중요한

01 분자끼리 나누어떨어지는
분모가 같은 (진분수) ÷ (진분수)

● $\dfrac{4}{7} \div \dfrac{2}{7}$ 의 계산

$$\dfrac{4}{7} \div \dfrac{2}{7} = 4 \div 2 = 2 \quad \text{분자끼리 나누기}$$

○ 계산해 보세요.

1 $\dfrac{2}{3} \div \dfrac{1}{3} =$

2 $\dfrac{3}{4} \div \dfrac{1}{4} =$

3 $\dfrac{4}{5} \div \dfrac{1}{5} =$

4 $\dfrac{6}{7} \div \dfrac{1}{7} =$

5 $\dfrac{8}{9} \div \dfrac{2}{9} =$

6 $\dfrac{9}{10} \div \dfrac{3}{10} =$

7 $\dfrac{6}{11} \div \dfrac{2}{11} =$

8 $\dfrac{12}{13} \div \dfrac{6}{13} =$

9 $\dfrac{14}{15} \div \dfrac{2}{15} =$

10 $\dfrac{15}{16} \div \dfrac{3}{16} =$

11 $\dfrac{10}{17} \div \dfrac{5}{17} =$

12 $\dfrac{16}{17} \div \dfrac{2}{17} =$

⑬ $\dfrac{8}{19} \div \dfrac{4}{19} =$

⑭ $\dfrac{15}{19} \div \dfrac{5}{19} =$

⑮ $\dfrac{18}{19} \div \dfrac{6}{19} =$

⑯ $\dfrac{12}{23} \div \dfrac{2}{23} =$

⑰ $\dfrac{21}{23} \div \dfrac{3}{23} =$

⑱ $\dfrac{18}{25} \div \dfrac{2}{25} =$

⑲ $\dfrac{22}{25} \div \dfrac{2}{25} =$

⑳ $\dfrac{16}{27} \div \dfrac{8}{27} =$

㉑ $\dfrac{20}{27} \div \dfrac{4}{27} =$

㉒ $\dfrac{21}{29} \div \dfrac{7}{29} =$

㉓ $\dfrac{27}{29} \div \dfrac{3}{29} =$

㉔ $\dfrac{10}{31} \div \dfrac{2}{31} =$

㉕ $\dfrac{30}{31} \div \dfrac{15}{31} =$

㉖ $\dfrac{28}{33} \div \dfrac{2}{33} =$

㉗ $\dfrac{28}{33} \div \dfrac{7}{33} =$

㉘ $\dfrac{32}{33} \div \dfrac{8}{33} =$

㉙ $\dfrac{24}{35} \div \dfrac{6}{35} =$

㉚ $\dfrac{36}{37} \div \dfrac{3}{37} =$

㉛ $\dfrac{33}{38} \div \dfrac{11}{38} =$

㉜ $\dfrac{35}{38} \div \dfrac{7}{38} =$

㉝ $\dfrac{39}{40} \div \dfrac{13}{40} =$

계산해 보세요.

34 $\frac{7}{8} \div \frac{1}{8} =$

35 $\frac{8}{9} \div \frac{1}{9} =$

36 $\frac{6}{11} \div \frac{3}{11} =$

37 $\frac{12}{13} \div \frac{3}{13} =$

38 $\frac{14}{15} \div \frac{1}{15} =$

39 $\frac{9}{16} \div \frac{3}{16} =$

40 $\frac{17}{18} \div \frac{1}{18} =$

41 $\frac{9}{19} \div \frac{1}{19} =$

42 $\frac{13}{21} \div \frac{1}{21} =$

43 $\frac{20}{21} \div \frac{2}{21} =$

44 $\frac{15}{22} \div \frac{3}{22} =$

45 $\frac{21}{22} \div \frac{7}{22} =$

46 $\frac{12}{23} \div \frac{6}{23} =$

47 $\frac{16}{23} \div \frac{4}{23} =$

48 $\frac{20}{23} \div \frac{5}{23} =$

49 $\frac{21}{25} \div \frac{3}{25} =$

50 $\frac{24}{25} \div \frac{4}{25} =$

51 $\frac{14}{26} \div \frac{7}{26} =$

52 $\frac{25}{26} \div \frac{5}{26} =$

53 $\frac{26}{27} \div \frac{13}{27} =$

54 $\frac{27}{28} \div \frac{9}{28} =$

55 $\dfrac{24}{29} \div \dfrac{12}{29} =$

62 $\dfrac{30}{37} \div \dfrac{10}{37} =$

69 $\dfrac{26}{45} \div \dfrac{2}{45} =$

56 $\dfrac{28}{31} \div \dfrac{14}{31} =$

63 $\dfrac{36}{37} \div \dfrac{12}{37} =$

70 $\dfrac{44}{45} \div \dfrac{22}{45} =$

57 $\dfrac{30}{31} \div \dfrac{3}{31} =$

64 $\dfrac{35}{39} \div \dfrac{5}{39} =$

71 $\dfrac{32}{47} \div \dfrac{4}{47} =$

58 $\dfrac{28}{33} \div \dfrac{4}{33} =$

65 $\dfrac{24}{41} \div \dfrac{2}{41} =$

72 $\dfrac{38}{47} \div \dfrac{19}{47} =$

59 $\dfrac{33}{34} \div \dfrac{3}{34} =$

66 $\dfrac{22}{43} \div \dfrac{11}{43} =$

73 $\dfrac{34}{49} \div \dfrac{17}{49} =$

60 $\dfrac{8}{35} \div \dfrac{4}{35} =$

67 $\dfrac{36}{43} \div \dfrac{6}{43} =$

74 $\dfrac{38}{49} \div \dfrac{2}{49} =$

61 $\dfrac{34}{35} \div \dfrac{2}{35} =$

68 $\dfrac{39}{43} \div \dfrac{13}{43} =$

75 $\dfrac{44}{49} \div \dfrac{11}{49} =$

분자끼리 나누어떨어지지 않는 분모가 같은 (진분수) ÷ (진분수)

● $\frac{4}{7} \div \frac{5}{7}$의 계산

분자끼리 나누기

$$\frac{4}{7} \div \frac{5}{7} = 4 \div 5 = \frac{4}{5}$$

몫을 분수로 나타내기

○ 계산해 보세요.

1 $\frac{1}{3} \div \frac{2}{3} =$

2 $\frac{1}{4} \div \frac{3}{4} =$

3 $\frac{1}{6} \div \frac{5}{6} =$

4 $\frac{1}{7} \div \frac{6}{7} =$

5 $\frac{3}{8} \div \frac{7}{8} =$

6 $\frac{5}{9} \div \frac{8}{9} =$

7 $\frac{7}{10} \div \frac{9}{10} =$

8 $\frac{3}{11} \div \frac{10}{11} =$

9 $\frac{11}{13} \div \frac{3}{13} =$

10 $\frac{13}{14} \div \frac{11}{14} =$

11 $\frac{14}{15} \div \frac{8}{15} =$

12 $\frac{8}{17} \div \frac{3}{17} =$

⑬ $\dfrac{5}{19} \div \dfrac{2}{19} =$

⑳ $\dfrac{20}{27} \div \dfrac{25}{27} =$

㉗ $\dfrac{27}{35} \div \dfrac{12}{35} =$

⑭ $\dfrac{8}{19} \div \dfrac{5}{19} =$

㉑ $\dfrac{5}{29} \div \dfrac{12}{29} =$

㉘ $\dfrac{28}{35} \div \dfrac{16}{35} =$

⑮ $\dfrac{17}{21} \div \dfrac{8}{21} =$

㉒ $\dfrac{12}{29} \div \dfrac{27}{29} =$

㉙ $\dfrac{32}{35} \div \dfrac{12}{35} =$

⑯ $\dfrac{9}{23} \div \dfrac{12}{23} =$

㉓ $\dfrac{20}{29} \div \dfrac{26}{29} =$

㉚ $\dfrac{34}{37} \div \dfrac{26}{37} =$

⑰ $\dfrac{12}{23} \div \dfrac{20}{23} =$

㉔ $\dfrac{14}{31} \div \dfrac{16}{31} =$

㉛ $\dfrac{35}{37} \div \dfrac{20}{37} =$

⑱ $\dfrac{18}{23} \div \dfrac{21}{23} =$

㉕ $\dfrac{18}{31} \div \dfrac{12}{31} =$

㉜ $\dfrac{20}{39} \div \dfrac{16}{39} =$

⑲ $\dfrac{3}{25} \div \dfrac{24}{25} =$

㉖ $\dfrac{26}{33} \div \dfrac{4}{33} =$

㉝ $\dfrac{25}{39} \div \dfrac{15}{39} =$

○ 계산해 보세요.

34 $\dfrac{1}{8} \div \dfrac{7}{8} =$

35 $\dfrac{4}{9} \div \dfrac{5}{9} =$

36 $\dfrac{7}{10} \div \dfrac{3}{10} =$

37 $\dfrac{1}{11} \div \dfrac{8}{11} =$

38 $\dfrac{11}{12} \div \dfrac{7}{12} =$

39 $\dfrac{9}{13} \div \dfrac{11}{13} =$

40 $\dfrac{1}{14} \div \dfrac{13}{14} =$

41 $\dfrac{6}{15} \div \dfrac{7}{15} =$

42 $\dfrac{1}{16} \div \dfrac{9}{16} =$

43 $\dfrac{1}{18} \div \dfrac{7}{18} =$

44 $\dfrac{8}{19} \div \dfrac{14}{19} =$

45 $\dfrac{1}{20} \div \dfrac{11}{20} =$

46 $\dfrac{13}{21} \div \dfrac{8}{21} =$

47 $\dfrac{2}{23} \div \dfrac{9}{23} =$

48 $\dfrac{11}{23} \div \dfrac{2}{23} =$

49 $\dfrac{17}{24} \div \dfrac{5}{24} =$

50 $\dfrac{16}{25} \div \dfrac{24}{25} =$

51 $\dfrac{1}{26} \div \dfrac{15}{26} =$

52 $\dfrac{25}{26} \div \dfrac{13}{26} =$

53 $\dfrac{19}{27} \div \dfrac{4}{27} =$

54 $\dfrac{15}{29} \div \dfrac{8}{29} =$

⑤⑤ $\dfrac{19}{29} \div \dfrac{5}{29} =$

㊲ $\dfrac{18}{37} \div \dfrac{27}{37} =$

㊉ $\dfrac{42}{43} \div \dfrac{32}{43} =$

㊺ $\dfrac{24}{29} \div \dfrac{26}{29} =$

㊽ $\dfrac{28}{37} \div \dfrac{32}{37} =$

⑦⓪ $\dfrac{44}{45} \div \dfrac{32}{45} =$

⑤⑦ $\dfrac{27}{31} \div \dfrac{30}{31} =$

㊽ $\dfrac{20}{39} \div \dfrac{8}{39} =$

⑦① $\dfrac{25}{47} \div \dfrac{9}{47} =$

⑤⑧ $\dfrac{26}{33} \div \dfrac{28}{33} =$

㊺ $\dfrac{17}{40} \div \dfrac{9}{40} =$

⑦② $\dfrac{33}{47} \div \dfrac{12}{47} =$

⑤⑨ $\dfrac{21}{34} \div \dfrac{33}{34} =$

㊻ $\dfrac{26}{41} \div \dfrac{10}{41} =$

⑦③ $\dfrac{40}{47} \div \dfrac{16}{47} =$

⑥⓪ $\dfrac{17}{35} \div \dfrac{6}{35} =$

㊼ $\dfrac{36}{41} \div \dfrac{15}{41} =$

⑦④ $\dfrac{39}{49} \div \dfrac{27}{49} =$

⑥① $\dfrac{22}{35} \div \dfrac{34}{35} =$

㊽ $\dfrac{40}{43} \div \dfrac{28}{43} =$

⑦⑤ $\dfrac{46}{49} \div \dfrac{12}{49} =$

계산 Plus+

분모가 같은 (진분수) ÷ (진분수)

○ 빈칸에 알맞은 수를 써넣으세요.

1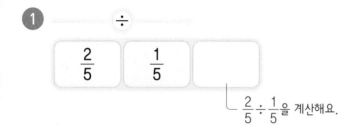

$$\frac{2}{5} \div \frac{1}{5}$$

$\frac{2}{5} \div \frac{1}{5}$ 을 계산해요.

5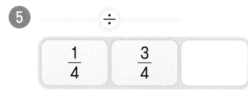

$$\frac{1}{4} \div \frac{3}{4}$$

2

$$\frac{6}{7} \div \frac{2}{7}$$

6

$$\frac{3}{8} \div \frac{5}{8}$$

3

$$\frac{9}{10} \div \frac{3}{10}$$

7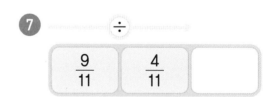

$$\frac{9}{11} \div \frac{4}{11}$$

4

$$\frac{12}{13} \div \frac{2}{13}$$

8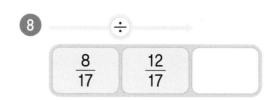

$$\frac{8}{17} \div \frac{12}{17}$$

9

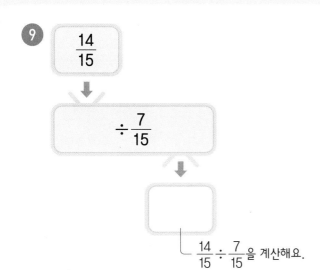

$\dfrac{14}{15}$

$\div \dfrac{7}{15}$

$\dfrac{14}{15} \div \dfrac{7}{15}$ 을 계산해요.

10

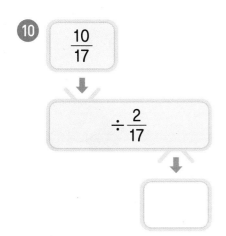

$\dfrac{10}{17}$

$\div \dfrac{2}{17}$

11

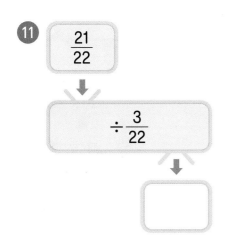

$\dfrac{21}{22}$

$\div \dfrac{3}{22}$

12

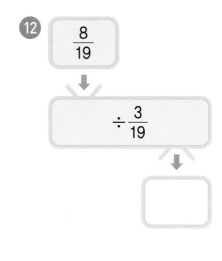

$\dfrac{8}{19}$

$\div \dfrac{3}{19}$

13

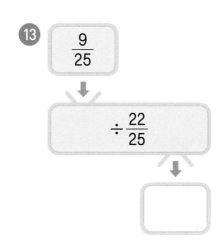

$\dfrac{9}{25}$

$\div \dfrac{22}{25}$

14

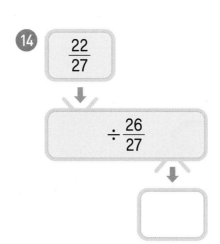

$\dfrac{22}{27}$

$\div \dfrac{26}{27}$

○ 관계있는 것끼리 선으로 이어 보세요.

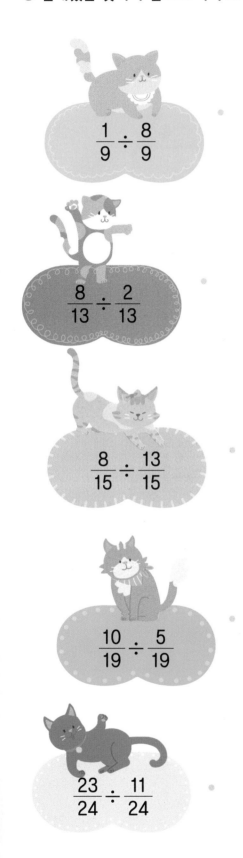

$$\frac{1}{9} \div \frac{8}{9}$$

$$\frac{8}{13} \div \frac{2}{13}$$

$$\frac{8}{15} \div \frac{13}{15}$$

$$\frac{10}{19} \div \frac{5}{19}$$

$$\frac{23}{24} \div \frac{11}{24}$$

2

$$\frac{1}{8}$$

$$\frac{8}{13}$$

4

$$2\frac{1}{11}$$

○ 원숭이는 집에 가면서 바르게 계산한 식이 적힌 곳에 있는 간식을 먹으려고 합니다.
원숭이가 먹는 간식을 모두 찾아 ◯표 하세요.

출발

$$\frac{11}{24} \div \frac{13}{24} = 1\frac{2}{11}$$

$$\frac{12}{25} \div \frac{7}{25} = 1\frac{5}{7}$$

$$\frac{15}{32} \div \frac{19}{32} = \frac{15}{19}$$

$$\frac{25}{31} \div \frac{5}{31} = 7$$

$$\frac{32}{43} \div \frac{8}{43} = 4$$

$$\frac{23}{34} \div \frac{31}{34} = \frac{23}{34}$$

$$\frac{18}{49} \div \frac{5}{49} = 2\frac{3}{5}$$

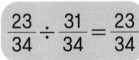

도착

분모가 다른
(진분수) ÷ (진분수)

● $\dfrac{1}{5} \div \dfrac{2}{3}$ 의 계산

$$\dfrac{1}{5} \div \dfrac{2}{3} = \dfrac{1}{5} \times \dfrac{3}{2} = \dfrac{3}{10}$$

$\div \dfrac{2}{3}$ 를 $\times \dfrac{3}{2}$ 으로 바꾸기

○ 계산해 보세요.

1 $\dfrac{1}{3} \div \dfrac{1}{2} =$

2 $\dfrac{2}{7} \div \dfrac{3}{5} =$

3 $\dfrac{3}{8} \div \dfrac{4}{7} =$

4 $\dfrac{3}{10} \div \dfrac{4}{9} =$

5 $\dfrac{3}{11} \div \dfrac{4}{5} =$

6 $\dfrac{7}{13} \div \dfrac{5}{6} =$

7 $\dfrac{4}{15} \div \dfrac{1}{30} =$

8 $\dfrac{3}{16} \div \dfrac{3}{80} =$

9 $\dfrac{8}{17} \div \dfrac{2}{51} =$

10 $\dfrac{11}{18} \div \dfrac{11}{54} =$

11 $\dfrac{9}{20} \div \dfrac{3}{40} =$

12 $\dfrac{5}{21} \div \dfrac{5}{42} =$

⑬ $\dfrac{16}{21} \div \dfrac{3}{8} =$

⑭ $\dfrac{11}{23} \div \dfrac{1}{3} =$

⑮ $\dfrac{7}{24} \div \dfrac{3}{11} =$

⑯ $\dfrac{3}{25} \div \dfrac{1}{9} =$

⑰ $\dfrac{25}{26} \div \dfrac{2}{9} =$

⑱ $\dfrac{14}{27} \div \dfrac{3}{8} =$

⑲ $\dfrac{25}{28} \div \dfrac{3}{10} =$

⑳ $\dfrac{8}{29} \div \dfrac{6}{7} =$

㉑ $\dfrac{11}{30} \div \dfrac{2}{3} =$

㉒ $\dfrac{12}{31} \div \dfrac{2}{9} =$

㉓ $\dfrac{21}{32} \div \dfrac{3}{4} =$

㉔ $\dfrac{7}{33} \div \dfrac{14}{15} =$

㉕ $\dfrac{3}{34} \div \dfrac{6}{13} =$

㉖ $\dfrac{2}{35} \div \dfrac{4}{25} =$

㉗ $\dfrac{17}{35} \div \dfrac{3}{10} =$

㉘ $\dfrac{32}{35} \div \dfrac{5}{7} =$

㉙ $\dfrac{29}{36} \div \dfrac{7}{20} =$

㉚ $\dfrac{18}{37} \div \dfrac{6}{17} =$

㉛ $\dfrac{25}{38} \div \dfrac{5}{12} =$

㉜ $\dfrac{22}{39} \div \dfrac{4}{15} =$

㉝ $\dfrac{17}{40} \div \dfrac{3}{14} =$

○ 계산해 보세요.

34 $\dfrac{1}{6} \div \dfrac{6}{7} =$

35 $\dfrac{3}{7} \div \dfrac{5}{6} =$

36 $\dfrac{6}{7} \div \dfrac{1}{14} =$

37 $\dfrac{5}{8} \div \dfrac{2}{3} =$

38 $\dfrac{7}{9} \div \dfrac{2}{7} =$

39 $\dfrac{8}{9} \div \dfrac{7}{8} =$

40 $\dfrac{3}{10} \div \dfrac{3}{4} =$

41 $\dfrac{7}{12} \div \dfrac{3}{7} =$

42 $\dfrac{11}{12} \div \dfrac{4}{7} =$

43 $\dfrac{10}{13} \div \dfrac{5}{26} =$

44 $\dfrac{11}{14} \div \dfrac{5}{9} =$

45 $\dfrac{13}{14} \div \dfrac{7}{8} =$

46 $\dfrac{8}{15} \div \dfrac{2}{5} =$

47 $\dfrac{14}{15} \div \dfrac{7}{30} =$

48 $\dfrac{9}{16} \div \dfrac{3}{8} =$

49 $\dfrac{15}{16} \div \dfrac{5}{32} =$

50 $\dfrac{2}{17} \div \dfrac{2}{3} =$

51 $\dfrac{6}{17} \div \dfrac{3}{11} =$

52 $\dfrac{7}{18} \div \dfrac{1}{5} =$

53 $\dfrac{17}{18} \div \dfrac{5}{9} =$

54 $\dfrac{4}{19} \div \dfrac{2}{7} =$

55 $\dfrac{15}{19} \div \dfrac{5}{6} =$

56 $\dfrac{7}{20} \div \dfrac{2}{3} =$

57 $\dfrac{13}{21} \div \dfrac{3}{4} =$

58 $\dfrac{15}{22} \div \dfrac{3}{44} =$

59 $\dfrac{4}{23} \div \dfrac{3}{5} =$

60 $\dfrac{5}{24} \div \dfrac{5}{8} =$

61 $\dfrac{11}{24} \div \dfrac{7}{12} =$

62 $\dfrac{8}{25} \div \dfrac{5}{7} =$

63 $\dfrac{9}{26} \div \dfrac{1}{52} =$

64 $\dfrac{5}{27} \div \dfrac{4}{5} =$

65 $\dfrac{25}{28} \div \dfrac{5}{8} =$

66 $\dfrac{27}{28} \div \dfrac{2}{3} =$

67 $\dfrac{7}{30} \div \dfrac{5}{9} =$

68 $\dfrac{19}{30} \div \dfrac{2}{7} =$

69 $\dfrac{32}{35} \div \dfrac{4}{15} =$

70 $\dfrac{11}{36} \div \dfrac{2}{15} =$

71 $\dfrac{3}{38} \div \dfrac{3}{19} =$

72 $\dfrac{17}{42} \div \dfrac{3}{14} =$

73 $\dfrac{5}{44} \div \dfrac{13}{22} =$

74 $\dfrac{3}{46} \div \dfrac{2}{23} =$

75 $\dfrac{21}{50} \div \dfrac{18}{25} =$

(자연수)÷(진분수)

● $4 \div \dfrac{3}{5}$ 의 계산

$$4 \div \dfrac{3}{5} = 4 \times \dfrac{5}{3} = \dfrac{20}{3} = 6\dfrac{2}{3}$$

$\div \dfrac{3}{5}$ 을 $\times \dfrac{5}{3}$ 로 바꾸기

○ 계산해 보세요.

1   $3 \div \dfrac{1}{2} =$

2   $4 \div \dfrac{1}{5} =$

3   $5 \div \dfrac{1}{7} =$

4   $6 \div \dfrac{1}{8} =$

5   $7 \div \dfrac{1}{8} =$

6   $8 \div \dfrac{1}{6} =$

7   $9 \div \dfrac{1}{3} =$

8   $9 \div \dfrac{5}{8} =$

9   $11 \div \dfrac{5}{6} =$

10   $15 \div \dfrac{7}{8} =$

11   $15 \div \dfrac{4}{9} =$

12   $16 \div \dfrac{5}{7} =$

⑬ $18 \div \dfrac{5}{6} =$

⑭ $18 \div \dfrac{4}{7} =$

⑮ $18 \div \dfrac{7}{8} =$

⑯ $19 \div \dfrac{3}{5} =$

⑰ $20 \div \dfrac{5}{6} =$

⑱ $20 \div \dfrac{5}{9} =$

⑲ $20 \div \dfrac{4}{11} =$

⑳ $21 \div \dfrac{3}{8} =$

㉑ $21 \div \dfrac{7}{9} =$

㉒ $21 \div \dfrac{3}{16} =$

㉓ $22 \div \dfrac{2}{3} =$

㉔ $22 \div \dfrac{2}{9} =$

㉕ $22 \div \dfrac{4}{15} =$

㉖ $24 \div \dfrac{10}{13} =$

㉗ $24 \div \dfrac{10}{17} =$

㉘ $25 \div \dfrac{10}{11} =$

㉙ $26 \div \dfrac{4}{5} =$

㉚ $26 \div \dfrac{6}{7} =$

㉛ $28 \div \dfrac{6}{7} =$

㉜ $28 \div \dfrac{8}{9} =$

㉝ $30 \div \dfrac{4}{5} =$

34) $4 \div \dfrac{1}{3} =$

35) $4 \div \dfrac{2}{5} =$

36) $4 \div \dfrac{8}{9} =$

37) $5 \div \dfrac{10}{13} =$

38) $6 \div \dfrac{3}{5} =$

39) $6 \div \dfrac{4}{5} =$

40) $6 \div \dfrac{2}{7} =$

41) $7 \div \dfrac{2}{3} =$

42) $8 \div \dfrac{1}{5} =$

43) $8 \div \dfrac{2}{5} =$

44) $9 \div \dfrac{4}{5} =$

45) $9 \div \dfrac{1}{12} =$

46) $10 \div \dfrac{3}{4} =$

47) $10 \div \dfrac{1}{16} =$

48) $11 \div \dfrac{1}{4} =$

49) $12 \div \dfrac{3}{4} =$

50) $12 \div \dfrac{6}{7} =$

51) $12 \div \dfrac{10}{11} =$

52) $13 \div \dfrac{1}{9} =$

53) $14 \div \dfrac{1}{2} =$

54) $14 \div \dfrac{1}{5} =$

55 $14 \div \dfrac{4}{5} =$

56 $15 \div \dfrac{2}{3} =$

57 $15 \div \dfrac{5}{6} =$

58 $16 \div \dfrac{3}{4} =$

59 $16 \div \dfrac{2}{5} =$

60 $16 \div \dfrac{8}{9} =$

61 $17 \div \dfrac{2}{3} =$

62 $18 \div \dfrac{10}{11} =$

63 $18 \div \dfrac{8}{9} =$

64 $20 \div \dfrac{4}{7} =$

65 $22 \div \dfrac{4}{5} =$

66 $24 \div \dfrac{6}{7} =$

67 $25 \div \dfrac{7}{8} =$

68 $27 \div \dfrac{3}{5} =$

69 $30 \div \dfrac{1}{2} =$

70 $32 \div \dfrac{3}{5} =$

71 $34 \div \dfrac{3}{8} =$

72 $36 \div \dfrac{3}{7} =$

73 $37 \div \dfrac{2}{3} =$

74 $38 \div \dfrac{4}{5} =$

75 $40 \div \dfrac{6}{7} =$

계산 Plus+

분모가 다른 (진분수)÷(진분수), (자연수)÷(진분수)

○ 빈칸에 알맞은 수를 써넣으세요.

1

$÷ \dfrac{2}{5}$

$\dfrac{1}{4}$

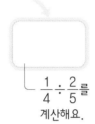

$\dfrac{1}{4} ÷ \dfrac{2}{5}$ 를 계산해요.

2

$÷ \dfrac{1}{8}$

$\dfrac{3}{4}$

3

$÷ \dfrac{1}{6}$

$\dfrac{2}{5}$

4

$÷ \dfrac{2}{5}$

$\dfrac{4}{7}$

5

$÷ \dfrac{1}{2}$

6

6

$÷ \dfrac{3}{4}$

8

7

$÷ \dfrac{4}{5}$

12

8

$÷ \dfrac{6}{11}$

15

⑨ $\dfrac{4}{9}$ → $\div \dfrac{8}{11}$ → ☐

$\dfrac{4}{9} \div \dfrac{8}{11}$ 을
계산해요.

⑭ 12 → $\div \dfrac{3}{5}$ → ☐

⑩ $\dfrac{1}{10}$ → $\div \dfrac{3}{7}$ → ☐

⑮ 13 → $\div \dfrac{13}{14}$ → ☐

⑪ $\dfrac{7}{11}$ → $\div \dfrac{1}{4}$ → ☐

⑯ 15 → $\div \dfrac{4}{9}$ → ☐

⑫ $\dfrac{9}{16}$ → $\div \dfrac{3}{7}$ → ☐

⑰ 20 → $\div \dfrac{6}{7}$ → ☐

⑬ $\dfrac{5}{18}$ → $\div \dfrac{1}{3}$ → ☐

⑱ 21 → $\div \dfrac{3}{13}$ → ☐

표에서 나눗셈식의 몫을 찾아 몫이 나타내는 색으로 색칠해 보세요.

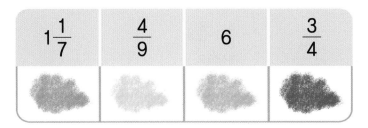

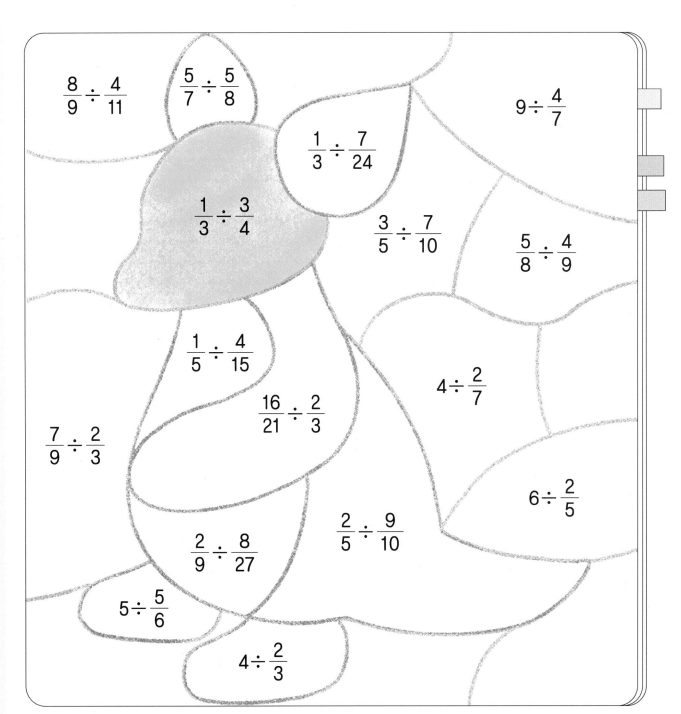

$$\frac{8}{9} \div \frac{4}{11}$$

$$\frac{5}{7} \div \frac{5}{8}$$

$$\frac{1}{3} \div \frac{7}{24}$$

$$9 \div \frac{4}{7}$$

$$\frac{1}{3} \div \frac{3}{4}$$

$$\frac{3}{5} \div \frac{7}{10}$$

$$\frac{5}{8} \div \frac{4}{9}$$

$$\frac{1}{5} \div \frac{4}{15}$$

$$4 \div \frac{2}{7}$$

$$\frac{7}{9} \div \frac{2}{3}$$

$$\frac{16}{21} \div \frac{2}{3}$$

$$6 \div \frac{2}{5}$$

$$\frac{2}{9} \div \frac{8}{27}$$

$$\frac{2}{5} \div \frac{9}{10}$$

$$5 \div \frac{5}{6}$$

$$4 \div \frac{2}{3}$$

나눗셈의 몫에 해당하는 글자를 빈칸에 써넣어 재영이가 먹고 싶은 음식을 알아보세요.

63	$31\frac{1}{2}$	$\frac{11}{15}$	$1\frac{7}{8}$	$2\frac{3}{8}$	$\frac{14}{15}$	65
주	수	야	채	스	박	화

$27 \div \frac{6}{7}$	$\frac{21}{50} \div \frac{9}{20}$	$40 \div \frac{8}{13}$	$\frac{25}{32} \div \frac{5}{12}$

(가분수)÷(진분수)

○ $\dfrac{7}{3} \div \dfrac{2}{5}$의 계산

$$\dfrac{7}{3} \div \dfrac{2}{5} = \dfrac{7}{3} \times \dfrac{5}{2} = \dfrac{35}{6} = 5\dfrac{5}{6}$$

$\div \dfrac{2}{5}$를 $\times \dfrac{5}{2}$로 바꾸기

○ 계산해 보세요.

1 $\dfrac{3}{2} \div \dfrac{1}{3} =$

2 $\dfrac{5}{2} \div \dfrac{3}{4} =$

3 $\dfrac{9}{2} \div \dfrac{4}{7} =$

4 $\dfrac{5}{3} \div \dfrac{3}{8} =$

5 $\dfrac{10}{3} \div \dfrac{2}{9} =$

6 $\dfrac{14}{3} \div \dfrac{7}{12} =$

7 $\dfrac{16}{3} \div \dfrac{4}{9} =$

8 $\dfrac{5}{4} \div \dfrac{1}{8} =$

9 $\dfrac{11}{4} \div \dfrac{1}{6} =$

10 $\dfrac{15}{4} \div \dfrac{3}{10} =$

11 $\dfrac{17}{4} \div \dfrac{5}{6} =$

12 $\dfrac{6}{5} \div \dfrac{8}{15} =$

⑬ $\dfrac{9}{5} \div \dfrac{3}{7} =$

⑭ $\dfrac{12}{5} \div \dfrac{9}{10} =$

⑮ $\dfrac{14}{5} \div \dfrac{7}{25} =$

⑯ $\dfrac{18}{5} \div \dfrac{2}{3} =$

⑰ $\dfrac{7}{6} \div \dfrac{7}{12} =$

⑱ $\dfrac{11}{6} \div \dfrac{2}{5} =$

⑲ $\dfrac{17}{6} \div \dfrac{3}{4} =$

⑳ $\dfrac{9}{7} \div \dfrac{7}{9} =$

㉑ $\dfrac{10}{7} \div \dfrac{1}{4} =$

㉒ $\dfrac{12}{7} \div \dfrac{4}{21} =$

㉓ $\dfrac{13}{7} \div \dfrac{4}{5} =$

㉔ $\dfrac{15}{7} \div \dfrac{3}{14} =$

㉕ $\dfrac{9}{8} \div \dfrac{2}{3} =$

㉖ $\dfrac{13}{8} \div \dfrac{3}{4} =$

㉗ $\dfrac{15}{8} \div \dfrac{15}{16} =$

㉘ $\dfrac{19}{8} \div \dfrac{1}{4} =$

㉙ $\dfrac{10}{9} \div \dfrac{5}{27} =$

㉚ $\dfrac{13}{9} \div \dfrac{2}{3} =$

㉛ $\dfrac{14}{9} \div \dfrac{7}{18} =$

㉜ $\dfrac{16}{9} \div \dfrac{1}{2} =$

㉝ $\dfrac{20}{9} \div \dfrac{2}{3} =$

○ 계산해 보세요.

34 $\dfrac{7}{3} \div \dfrac{1}{6} =$

35 $\dfrac{10}{3} \div \dfrac{3}{5} =$

36 $\dfrac{14}{3} \div \dfrac{2}{9} =$

37 $\dfrac{5}{4} \div \dfrac{5}{7} =$

38 $\dfrac{9}{4} \div \dfrac{1}{8} =$

39 $\dfrac{15}{4} \div \dfrac{5}{12} =$

40 $\dfrac{6}{5} \div \dfrac{2}{15} =$

41 $\dfrac{8}{5} \div \dfrac{3}{4} =$

42 $\dfrac{9}{5} \div \dfrac{2}{3} =$

43 $\dfrac{12}{5} \div \dfrac{5}{6} =$

44 $\dfrac{7}{6} \div \dfrac{3}{4} =$

45 $\dfrac{11}{6} \div \dfrac{2}{9} =$

46 $\dfrac{13}{6} \div \dfrac{2}{3} =$

47 $\dfrac{17}{6} \div \dfrac{4}{7} =$

48 $\dfrac{15}{7} \div \dfrac{5}{8} =$

49 $\dfrac{16}{7} \div \dfrac{4}{5} =$

50 $\dfrac{20}{7} \div \dfrac{5}{14} =$

51 $\dfrac{24}{7} \div \dfrac{5}{6} =$

52 $\dfrac{9}{8} \div \dfrac{9}{16} =$

53 $\dfrac{11}{8} \div \dfrac{3}{4} =$

54 $\dfrac{15}{8} \div \dfrac{3}{7} =$

55 $\dfrac{27}{8} \div \dfrac{3}{16} =$

62 $\dfrac{17}{12} \div \dfrac{1}{5} =$

69 $\dfrac{27}{14} \div \dfrac{3}{7} =$

56 $\dfrac{11}{9} \div \dfrac{2}{3} =$

63 $\dfrac{19}{12} \div \dfrac{3}{5} =$

70 $\dfrac{16}{15} \div \dfrac{2}{9} =$

57 $\dfrac{14}{9} \div \dfrac{2}{27} =$

64 $\dfrac{18}{13} \div \dfrac{5}{6} =$

71 $\dfrac{28}{15} \div \dfrac{2}{3} =$

58 $\dfrac{20}{9} \div \dfrac{5}{18} =$

65 $\dfrac{20}{13} \div \dfrac{2}{5} =$

72 $\dfrac{20}{17} \div \dfrac{2}{3} =$

59 $\dfrac{12}{11} \div \dfrac{4}{33} =$

66 $\dfrac{25}{13} \div \dfrac{5}{26} =$

73 $\dfrac{19}{18} \div \dfrac{5}{9} =$

60 $\dfrac{13}{11} \div \dfrac{5}{8} =$

67 $\dfrac{17}{14} \div \dfrac{2}{7} =$

74 $\dfrac{23}{18} \div \dfrac{1}{5} =$

61 $\dfrac{25}{11} \div \dfrac{3}{4} =$

68 $\dfrac{23}{14} \div \dfrac{3}{8} =$

75 $\dfrac{24}{19} \div \dfrac{6}{7} =$

08 (대분수)÷(진분수)

● $2\dfrac{1}{5} \div \dfrac{2}{7}$ 의 계산

$$2\dfrac{1}{5} \div \dfrac{2}{7} = \dfrac{11}{5} \div \dfrac{2}{7} = \dfrac{11}{5} \times \dfrac{7}{2} = \dfrac{77}{10} = 7\dfrac{7}{10}$$

대분수 → 가분수 $\div \dfrac{2}{7}$ 를 $\times \dfrac{7}{2}$ 로 바꾸기

○ 계산해 보세요.

① $1\dfrac{1}{2} \div \dfrac{4}{5} =$

② $1\dfrac{1}{3} \div \dfrac{1}{2} =$

③ $1\dfrac{2}{3} \div \dfrac{3}{5} =$

④ $1\dfrac{1}{4} \div \dfrac{3}{7} =$

⑤ $1\dfrac{2}{5} \div \dfrac{5}{8} =$

⑥ $1\dfrac{4}{5} \div \dfrac{3}{10} =$

⑦ $1\dfrac{5}{6} \div \dfrac{3}{7} =$

⑧ $1\dfrac{2}{7} \div \dfrac{5}{8} =$

⑨ $1\dfrac{4}{7} \div \dfrac{7}{9} =$

⑩ $1\dfrac{2}{9} \div \dfrac{11}{17} =$

⑪ $2\dfrac{1}{3} \div \dfrac{5}{6} =$

⑫ $2\dfrac{3}{4} \div \dfrac{1}{5} =$

⑬ $2\dfrac{1}{5} \div \dfrac{1}{2} =$

⑭ $2\dfrac{4}{5} \div \dfrac{5}{7} =$

⑮ $2\dfrac{5}{6} \div \dfrac{3}{8} =$

⑯ $2\dfrac{6}{7} \div \dfrac{7}{9} =$

⑰ $2\dfrac{1}{8} \div \dfrac{3}{4} =$

⑱ $2\dfrac{5}{8} \div \dfrac{5}{7} =$

⑲ $2\dfrac{8}{9} \div \dfrac{2}{3} =$

⑳ $3\dfrac{1}{3} \div \dfrac{5}{12} =$

㉑ $3\dfrac{2}{3} \div \dfrac{11}{15} =$

㉒ $3\dfrac{3}{4} \div \dfrac{5}{9} =$

㉓ $3\dfrac{2}{5} \div \dfrac{5}{6} =$

㉔ $3\dfrac{3}{5} \div \dfrac{5}{8} =$

㉕ $3\dfrac{4}{5} \div \dfrac{9}{10} =$

㉖ $3\dfrac{1}{6} \div \dfrac{4}{7} =$

㉗ $3\dfrac{3}{7} \div \dfrac{8}{21} =$

㉘ $3\dfrac{7}{9} \div \dfrac{2}{5} =$

㉙ $4\dfrac{1}{2} \div \dfrac{1}{4} =$

㉚ $4\dfrac{3}{4} \div \dfrac{19}{20} =$

㉛ $4\dfrac{2}{7} \div \dfrac{3}{14} =$

㉜ $4\dfrac{6}{7} \div \dfrac{1}{2} =$

㉝ $5\dfrac{4}{9} \div \dfrac{1}{6} =$

○ 계산해 보세요.

③④ $1\dfrac{1}{2} \div \dfrac{1}{4} =$

④① $2\dfrac{1}{3} \div \dfrac{6}{7} =$

④⑧ $2\dfrac{1}{6} \div \dfrac{13}{15} =$

③⑤ $1\dfrac{1}{4} \div \dfrac{5}{8} =$

④② $2\dfrac{2}{3} \div \dfrac{4}{9} =$

④⑨ $2\dfrac{1}{7} \div \dfrac{2}{3} =$

③⑥ $1\dfrac{3}{4} \div \dfrac{2}{3} =$

④③ $2\dfrac{1}{4} \div \dfrac{3}{5} =$

⑤⓪ $2\dfrac{6}{7} \div \dfrac{5}{6} =$

③⑦ $1\dfrac{2}{5} \div \dfrac{1}{2} =$

④④ $2\dfrac{3}{4} \div \dfrac{3}{8} =$

⑤① $2\dfrac{1}{8} \div \dfrac{4}{5} =$

③⑧ $1\dfrac{4}{5} \div \dfrac{4}{7} =$

④⑤ $2\dfrac{2}{5} \div \dfrac{2}{7} =$

⑤② $2\dfrac{3}{8} \div \dfrac{19}{20} =$

③⑨ $1\dfrac{5}{6} \div \dfrac{2}{5} =$

④⑥ $2\dfrac{3}{5} \div \dfrac{13}{20} =$

⑤③ $2\dfrac{2}{9} \div \dfrac{4}{7} =$

④⓪ $2\dfrac{1}{2} \div \dfrac{3}{7} =$

④⑦ $2\dfrac{4}{5} \div \dfrac{6}{7} =$

⑤④ $2\dfrac{4}{9} \div \dfrac{2}{3} =$

55 $3\dfrac{1}{2} \div \dfrac{3}{5} =$

56 $3\dfrac{1}{3} \div \dfrac{5}{6} =$

57 $3\dfrac{2}{3} \div \dfrac{11}{14} =$

58 $3\dfrac{3}{4} \div \dfrac{3}{8} =$

59 $3\dfrac{5}{6} \div \dfrac{3}{4} =$

60 $3\dfrac{3}{8} \div \dfrac{3}{5} =$

61 $4\dfrac{1}{2} \div \dfrac{3}{4} =$

62 $4\dfrac{1}{3} \div \dfrac{2}{5} =$

63 $4\dfrac{2}{3} \div \dfrac{7}{9} =$

64 $4\dfrac{3}{4} \div \dfrac{2}{7} =$

65 $4\dfrac{2}{5} \div \dfrac{7}{9} =$

66 $5\dfrac{1}{2} \div \dfrac{2}{3} =$

67 $5\dfrac{1}{3} \div \dfrac{4}{9} =$

68 $6\dfrac{2}{3} \div \dfrac{5}{6} =$

69 $6\dfrac{1}{4} \div \dfrac{5}{8} =$

70 $6\dfrac{3}{4} \div \dfrac{3}{8} =$

71 $7\dfrac{2}{3} \div \dfrac{4}{5} =$

72 $7\dfrac{1}{4} \div \dfrac{7}{8} =$

73 $8\dfrac{1}{3} \div \dfrac{5}{6} =$

74 $8\dfrac{3}{4} \div \dfrac{1}{2} =$

75 $9\dfrac{1}{2} \div \dfrac{3}{4} =$

09 (대분수)÷(대분수)

○ $1\frac{1}{2} \div 1\frac{2}{3}$의 계산

÷$\frac{5}{3}$를 ×$\frac{3}{5}$으로 바꾸기

$$1\frac{1}{2} \div 1\frac{2}{3} = \frac{3}{2} \div \frac{5}{3} = \frac{3}{2} \times \frac{3}{5} = \frac{9}{10}$$

대분수 → 가분수

○ 계산해 보세요.

① $1\frac{1}{3} \div 1\frac{1}{2} =$

② $1\frac{3}{4} \div 2\frac{2}{3} =$

③ $1\frac{2}{5} \div 2\frac{1}{2} =$

④ $1\frac{4}{5} \div 2\frac{3}{4} =$

⑤ $1\frac{1}{6} \div 1\frac{2}{3} =$

⑥ $1\frac{2}{7} \div 2\frac{1}{3} =$

⑦ $1\frac{5}{8} \div 2\frac{1}{5} =$

⑧ $1\frac{7}{8} \div 2\frac{2}{3} =$

⑨ $1\frac{4}{9} \div 1\frac{2}{7} =$

⑩ $1\frac{5}{9} \div 1\frac{1}{4} =$

⑪ $2\frac{2}{3} \div 1\frac{3}{4} =$

⑫ $2\frac{3}{4} \div 1\frac{3}{7} =$

⑬ $2\dfrac{1}{5} \div 2\dfrac{1}{4} =$

⑭ $2\dfrac{2}{5} \div 1\dfrac{2}{9} =$

⑮ $2\dfrac{3}{7} \div 1\dfrac{1}{9} =$

⑯ $2\dfrac{5}{7} \div 3\dfrac{4}{5} =$

⑰ $2\dfrac{5}{8} \div 1\dfrac{2}{7} =$

⑱ $2\dfrac{7}{8} \div 3\dfrac{1}{2} =$

⑲ $2\dfrac{2}{9} \div 2\dfrac{1}{2} =$

⑳ $2\dfrac{4}{9} \div 3\dfrac{1}{3} =$

㉑ $2\dfrac{5}{9} \div 4\dfrac{1}{3} =$

㉒ $2\dfrac{7}{9} \div 4\dfrac{5}{6} =$

㉓ $2\dfrac{8}{9} \div 5\dfrac{1}{3} =$

㉔ $3\dfrac{1}{4} \div 2\dfrac{5}{6} =$

㉕ $3\dfrac{2}{5} \div 1\dfrac{7}{10} =$

㉖ $3\dfrac{3}{5} \div 1\dfrac{1}{2} =$

㉗ $3\dfrac{3}{7} \div 4\dfrac{2}{3} =$

㉘ $4\dfrac{1}{2} \div 3\dfrac{1}{4} =$

㉙ $4\dfrac{1}{3} \div 2\dfrac{5}{6} =$

㉚ $4\dfrac{1}{4} \div 2\dfrac{3}{8} =$

㉛ $5\dfrac{2}{3} \div 1\dfrac{1}{9} =$

㉜ $5\dfrac{1}{6} \div 2\dfrac{1}{4} =$

㉝ $5\dfrac{5}{6} \div 2\dfrac{3}{4} =$

◎ 계산해 보세요.

㉞ $1\frac{1}{2} \div 2\frac{1}{5} =$

㉟ $1\frac{2}{3} \div 1\frac{2}{7} =$

㊱ $1\frac{1}{5} \div 1\frac{1}{2} =$

㊲ $1\frac{2}{5} \div 3\frac{3}{4} =$

㊳ $1\frac{3}{7} \div 2\frac{2}{9} =$

㊴ $1\frac{4}{7} \div 2\frac{4}{5} =$

㊵ $1\frac{3}{8} \div 1\frac{1}{5} =$

㊶ $1\frac{5}{9} \div 3\frac{1}{5} =$

㊷ $2\frac{1}{2} \div 3\frac{2}{3} =$

㊸ $2\frac{1}{4} \div 5\frac{1}{2} =$

㊹ $2\frac{3}{4} \div 1\frac{1}{2} =$

㊺ $2\frac{2}{5} \div 3\frac{3}{7} =$

㊻ $2\frac{1}{7} \div 1\frac{7}{8} =$

㊼ $2\frac{1}{9} \div 2\frac{5}{7} =$

㊽ $3\frac{1}{2} \div 2\frac{3}{4} =$

㊾ $3\frac{1}{5} \div 2\frac{2}{3} =$

㊿ $3\frac{3}{5} \div 7\frac{1}{2} =$

51 $3\frac{1}{6} \div 1\frac{4}{7} =$

52 $3\frac{5}{6} \div 1\frac{2}{5} =$

53 $3\frac{4}{7} \div 1\frac{3}{4} =$

54 $3\frac{5}{8} \div 2\frac{1}{3} =$

(55) $4\dfrac{1}{2} \div 3\dfrac{3}{4} =$

(62) $5\dfrac{2}{3} \div 6\dfrac{2}{9} =$

(69) $7\dfrac{2}{3} \div 8\dfrac{1}{4} =$

(56) $4\dfrac{1}{3} \div 2\dfrac{1}{6} =$

(63) $5\dfrac{1}{7} \div 6\dfrac{2}{5} =$

(70) $7\dfrac{4}{5} \div 9\dfrac{1}{2} =$

(57) $4\dfrac{2}{3} \div 2\dfrac{5}{6} =$

(64) $5\dfrac{4}{9} \div 1\dfrac{3}{4} =$

(71) $7\dfrac{1}{8} \div 1\dfrac{1}{5} =$

(58) $4\dfrac{3}{4} \div 6\dfrac{1}{2} =$

(65) $6\dfrac{2}{5} \div 8\dfrac{4}{7} =$

(72) $8\dfrac{1}{3} \div 2\dfrac{3}{4} =$

(59) $4\dfrac{1}{5} \div 1\dfrac{1}{2} =$

(66) $6\dfrac{4}{5} \div 8\dfrac{1}{2} =$

(73) $8\dfrac{2}{3} \div 2\dfrac{1}{5} =$

(60) $5\dfrac{1}{2} \div 8\dfrac{2}{3} =$

(67) $6\dfrac{4}{7} \div 7\dfrac{1}{3} =$

(74) $8\dfrac{4}{5} \div 1\dfrac{3}{5} =$

(61) $5\dfrac{1}{3} \div 7\dfrac{1}{6} =$

(68) $7\dfrac{1}{2} \div 1\dfrac{3}{4} =$

(75) $9\dfrac{1}{6} \div 4\dfrac{8}{9} =$

10 어떤 수 구하기

원리 곱셈과 나눗셈의 관계 ▷ **적용** 곱셈식의 어떤 수(□) 구하기

$\triangle \times \bullet = \blacksquare \rightarrow \begin{cases} \bullet = \blacksquare \div \triangle \\ \triangle = \blacksquare \div \bullet \end{cases}$

· $\dfrac{3}{4} \times \square = \dfrac{1}{3} \rightarrow \square = \dfrac{1}{3} \div \dfrac{3}{4} = \dfrac{4}{9}$

· $\square \times \dfrac{3}{5} = \dfrac{1}{2} \rightarrow \square = \dfrac{1}{2} \div \dfrac{3}{5} = \dfrac{5}{6}$

◎ 어떤 수(□)를 구하려고 합니다. 빈칸에 알맞은 수를 써넣으세요.

1 $\dfrac{1}{7} \times \boxed{} = \dfrac{5}{7}$

$\dfrac{5}{7} \div \dfrac{1}{7} = \boxed{}$

4 $\dfrac{5}{8} \times \boxed{} = 10$

$10 \div \dfrac{5}{8} = \boxed{}$

2 $\dfrac{2}{9} \times \boxed{} = \dfrac{5}{9}$

$\dfrac{5}{9} \div \dfrac{2}{9} = \boxed{}$

5 $\dfrac{8}{9} \times \boxed{} = \dfrac{7}{5}$

$\dfrac{7}{5} \div \dfrac{8}{9} = \boxed{}$

3 $\dfrac{4}{5} \times \boxed{} = \dfrac{3}{4}$

$\dfrac{3}{4} \div \dfrac{4}{5} = \boxed{}$

6 $\dfrac{3}{5} \times \boxed{} = 1\dfrac{1}{4}$

$1\dfrac{1}{4} \div \dfrac{3}{5} = \boxed{}$

7 $\boxed{} \times \dfrac{4}{9} = \dfrac{8}{9}$

$\dfrac{8}{9} \div \dfrac{4}{9} = \boxed{}$

8 $\boxed{} \times \dfrac{4}{13} = \dfrac{12}{13}$

$\dfrac{12}{13} \div \dfrac{4}{13} = \boxed{}$

9 $\boxed{} \times \dfrac{7}{11} = \dfrac{9}{11}$

$\dfrac{9}{11} \div \dfrac{7}{11} = \boxed{}$

10 $\boxed{} \times \dfrac{5}{9} = \dfrac{5}{8}$

$\dfrac{5}{8} \div \dfrac{5}{9} = \boxed{}$

11 $\boxed{} \times \dfrac{6}{7} = \dfrac{5}{6}$

$\dfrac{5}{6} \div \dfrac{6}{7} = \boxed{}$

12 $\boxed{} \times \dfrac{4}{7} = 12$

$12 \div \dfrac{4}{7} = \boxed{}$

13 $\boxed{} \times \dfrac{3}{4} = \dfrac{9}{7}$

$\dfrac{9}{7} \div \dfrac{3}{4} = \boxed{}$

14 $\boxed{} \times \dfrac{5}{6} = 3\dfrac{2}{3}$

$3\dfrac{2}{3} \div \dfrac{5}{6} = \boxed{}$

15 $\boxed{} \times 2\dfrac{1}{3} = 1\dfrac{4}{5}$

$1\dfrac{4}{5} \div 2\dfrac{1}{3} = \boxed{}$

16 $\boxed{} \times 1\dfrac{7}{8} = 2\dfrac{7}{9}$

$2\dfrac{7}{9} \div 1\dfrac{7}{8} = \boxed{}$

○ 어떤 수(□)를 구하려고 합니다. 빈칸에 알맞은 수를 써넣으세요.

17 $\dfrac{5}{11} \times \boxed{} = \dfrac{10}{11}$

18 $\dfrac{5}{8} \times \boxed{} = \dfrac{7}{8}$

19 $\dfrac{4}{9} \times \boxed{} = \dfrac{7}{9}$

20 $\dfrac{7}{8} \times \boxed{} = \dfrac{11}{12}$

21 $\dfrac{7}{9} \times \boxed{} = \dfrac{4}{5}$

22 $\dfrac{3}{5} \times \boxed{} = 9$

23 $\dfrac{5}{9} \times \boxed{} = 10$

24 $\dfrac{4}{7} \times \boxed{} = \dfrac{7}{3}$

25 $\dfrac{8}{9} \times \boxed{} = \dfrac{7}{6}$

26 $\dfrac{5}{6} \times \boxed{} = 1\dfrac{1}{2}$

27 $\dfrac{3}{8} \times \boxed{} = 3\dfrac{1}{4}$

28 $2\dfrac{2}{5} \times \boxed{} = 3\dfrac{4}{7}$

㉙ $\boxed{} \times \dfrac{2}{5} = \dfrac{4}{5}$

㉟ $\boxed{} \times \dfrac{3}{4} = \dfrac{7}{6}$

㉚ $\boxed{} \times \dfrac{4}{7} = \dfrac{5}{7}$

㊱ $\boxed{} \times \dfrac{4}{5} = \dfrac{9}{8}$

㉛ $\boxed{} \times \dfrac{6}{7} = \dfrac{3}{5}$

㊲ $\boxed{} \times \dfrac{2}{5} = 1\dfrac{2}{3}$

㉜ $\boxed{} \times \dfrac{5}{6} = \dfrac{4}{9}$

㊳ $\boxed{} \times \dfrac{3}{7} = 2\dfrac{3}{4}$

㉝ $\boxed{} \times \dfrac{8}{9} = 16$

㊴ $\boxed{} \times 2\dfrac{2}{3} = 1\dfrac{3}{5}$

㉞ $\boxed{} \times \dfrac{2}{7} = 8$

㊵ $\boxed{} \times 1\dfrac{2}{3} = 2\dfrac{5}{6}$

11 계산 Plus+

(가분수)÷(진분수), (대분수)÷(진분수), (대분수)÷(대분수)

○ 빈칸에 알맞은 수를 써넣으세요.

1   ÷

$\dfrac{7}{3}$	$\dfrac{5}{6}$	

$\dfrac{7}{3} \div \dfrac{5}{6}$ 를 계산해요.

2   ÷

$\dfrac{9}{4}$	$\dfrac{3}{8}$	

3   ÷

$\dfrac{9}{7}$	$\dfrac{3}{5}$	

4   ÷

$1\dfrac{2}{3}$	$\dfrac{4}{7}$	

5   ÷

$1\dfrac{1}{4}$	$\dfrac{3}{8}$	

6   ÷

$1\dfrac{2}{5}$	$\dfrac{4}{9}$	

7   ÷

$1\dfrac{1}{3}$	$2\dfrac{1}{2}$	

8   ÷

$2\dfrac{3}{5}$	$3\dfrac{1}{4}$	

9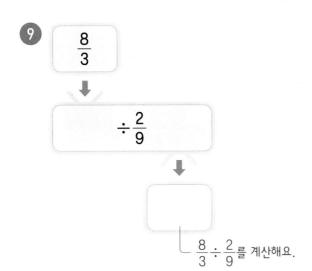

$\dfrac{8}{3}$

$\div\dfrac{2}{9}$

$\dfrac{8}{3}\div\dfrac{2}{9}$ 를 계산해요.

10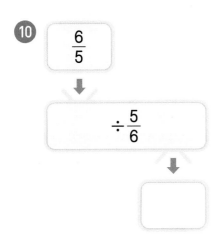

$\dfrac{6}{5}$

$\div\dfrac{5}{6}$

11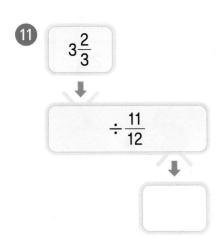

$3\dfrac{2}{3}$

$\div\dfrac{11}{12}$

12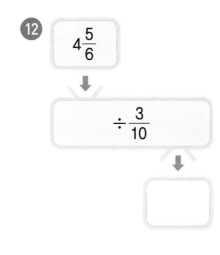

$4\dfrac{5}{6}$

$\div\dfrac{3}{10}$

13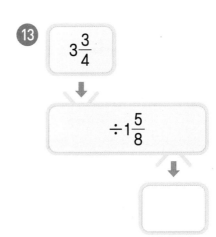

$3\dfrac{3}{4}$

$\div1\dfrac{5}{8}$

14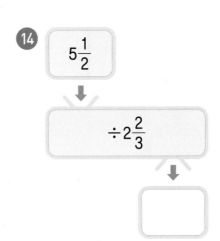

$5\dfrac{1}{2}$

$\div2\dfrac{2}{3}$

나눗셈 로봇이 미로를 통과했을 때의 계산 결과를 빈칸에 써넣으세요.

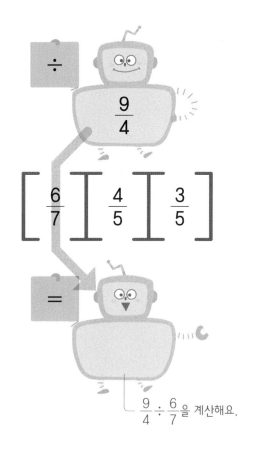

$\dfrac{9}{4} \div \dfrac{6}{7}$ 을 계산해요.

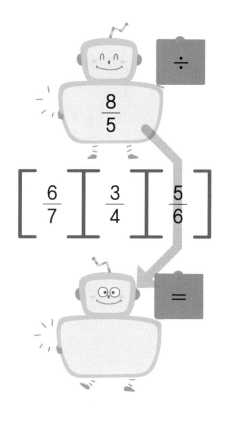

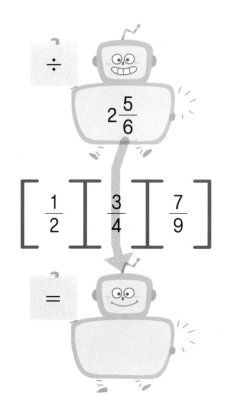

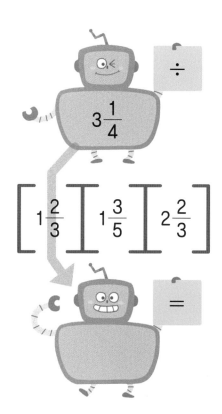

○ 사다리를 타고 내려가서 도착한 곳에 계산 결과를 써넣으세요. (단, 사다리 타기는 사다리를 따라 내려가다가 가로로 놓인 선을 만날 때마다 가로선을 따라 꺾어서 맨 아래까지 내려가는 놀이입니다.)

$$\div 1\frac{1}{3} \qquad \div \frac{4}{9} \qquad \div \frac{3}{10} \qquad \div \frac{2}{7} \qquad \div \frac{5}{6}$$

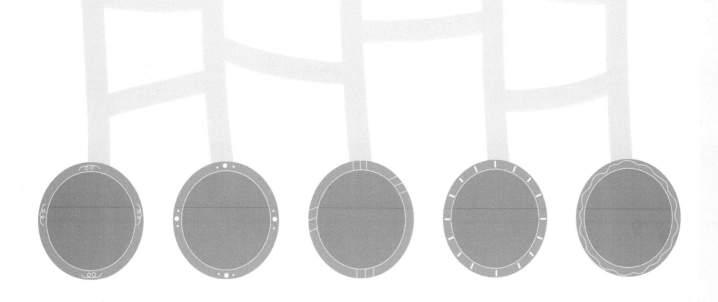

12 분수의 나눗셈 평가

○ 계산해 보세요.

1. $\dfrac{8}{9} \div \dfrac{2}{9} =$

2. $\dfrac{15}{23} \div \dfrac{5}{23} =$

3. $\dfrac{21}{29} \div \dfrac{3}{29} =$

4. $\dfrac{6}{17} \div \dfrac{5}{17} =$

5. $\dfrac{9}{19} \div \dfrac{7}{19} =$

6. $\dfrac{21}{26} \div \dfrac{11}{26} =$

7. $\dfrac{5}{7} \div \dfrac{7}{9} =$

8. $\dfrac{7}{9} \div \dfrac{3}{4} =$

9. $5 \div \dfrac{4}{9} =$

10. $7 \div \dfrac{5}{6} =$

⑪ $\dfrac{16}{5} \div \dfrac{4}{7} =$

⑫ $\dfrac{15}{8} \div \dfrac{3}{5} =$

⑬ $2\dfrac{2}{5} \div \dfrac{3}{8} =$

⑭ $3\dfrac{1}{4} \div \dfrac{4}{5} =$

⑮ $3\dfrac{2}{5} \div 1\dfrac{5}{6} =$

⑯ $4\dfrac{1}{2} \div 1\dfrac{2}{7} =$

○ 빈칸에 알맞은 수를 써넣으세요.

⑰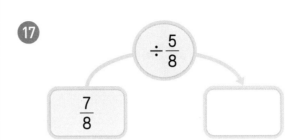

⑱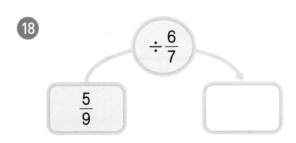

⑲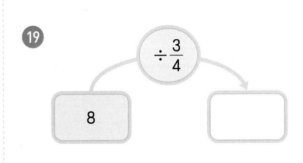

⑳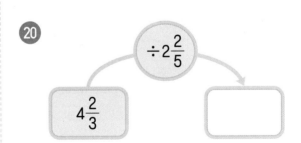

2

**나누는 수가 소수인 나눗셈의
계산 훈련을 하는 것이 중요한**

소수의 나눗셈

13 자연수의 나눗셈을 이용한 (소수)÷(소수)

나누는 수가 자연수가 되도록
나누어지는 수와 나누는 수를
똑같이 **10배** 또는 **100배** 하여
(자연수)÷(자연수)로 바꾸어 계산하면
(소수)÷(소수)와 몫이 같습니다.

8.4 ÷ 0.4

10배 ↓   10배 ↓

84 ÷ 4 **=21**

→ **8.4 ÷ 0.4 =21**

몫이
같습니다.

◎ ☐ 안에 알맞은 수를 써넣으세요.

1

3.2 ÷ 0.8

10배 ↓   10배 ↓

☐ ÷ ☐ = ☐

⇨ 3.2÷0.8 = ☐

2

5.6 ÷ 0.7

10배 ↓   10배 ↓

☐ ÷ ☐ = ☐

⇨ 5.6÷0.7 = ☐

3

0.66 ÷ 0.33

100배 ↓   100배 ↓

☐ ÷ ☐ = ☐

⇨ 0.66÷0.33 = ☐

4

0.76 ÷ 0.04

100배 ↓   100배 ↓

☐ ÷ ☐ = ☐

⇨ 0.76÷0.04 = ☐

5

9.2 ÷ 0.4

10배　　　[　　]배

92 ÷ [　　] = [　　]

⇨ 9.2÷0.4= [　　]

6

11.1 ÷ 0.3

10배　　　[　　]배

111 ÷ [　　] = [　　]

⇨ 11.1÷0.3= [　　]

7

16.2 ÷ 0.2

10배　　　[　　]배

162 ÷ [　　] = [　　]

⇨ 16.2÷0.2= [　　]

8

20.4 ÷ 0.4

10배　　　[　　]배

204 ÷ [　　] = [　　]

⇨ 20.4÷0.4= [　　]

9

1.68 ÷ 0.08

[　　]배　　　100배

168 ÷ [　　] = [　　]

⇨ 1.68÷0.08= [　　]

10

2.21 ÷ 0.17

[　　]배　　　100배

221 ÷ [　　] = [　　]

⇨ 2.21÷0.17= [　　]

11

2.52 ÷ 0.21

[　　]배　　　100배

252 ÷ [　　] = [　　]

⇨ 2.52÷0.21= [　　]

12

2.94 ÷ 0.03

[　　]배　　　100배

294 ÷ [　　] = [　　]

⇨ 2.94÷0.03= [　　]

● 자연수의 나눗셈을 이용하여 소수의 나눗셈을 계산해 보세요.

⑬ $44 \div 2 = 22$
⇩
$4.4 \div 0.2 =$
$0.44 \div 0.02 =$

⑰ $135 \div 9 = 15$
⇩
$13.5 \div 0.9 =$
$1.35 \div 0.09 =$

㉑ $216 \div 27 = 8$
⇩
$21.6 \div 2.7 =$
$2.16 \div 0.27 =$

⑭ $63 \div 21 = 3$
⇩
$6.3 \div 2.1 =$
$0.63 \div 0.21 =$

⑱ $152 \div 38 = 4$
⇩
$15.2 \div 3.8 =$
$1.52 \div 0.38 =$

㉒ $224 \div 32 = 7$
⇩
$22.4 \div 3.2 =$
$2.24 \div 0.32 =$

⑮ $72 \div 12 = 6$
⇩
$7.2 \div 1.2 =$
$0.72 \div 0.12 =$

⑲ $168 \div 42 = 4$
⇩
$16.8 \div 4.2 =$
$1.68 \div 0.42 =$

㉓ $234 \div 26 = 9$
⇩
$23.4 \div 2.6 =$
$2.34 \div 0.26 =$

⑯ $112 \div 8 = 14$
⇩
$11.2 \div 0.8 =$
$1.12 \div 0.08 =$

⑳ $192 \div 24 = 8$
⇩
$19.2 \div 2.4 =$
$1.92 \div 0.24 =$

㉔ $258 \div 43 = 6$
⇩
$25.8 \div 4.3 =$
$2.58 \div 0.43 =$

㉕ $78 \div 26 =$
$7.8 \div 2.6 =$
$0.78 \div 0.26 =$

㉚ $224 \div 28 =$
$22.4 \div 2.8 =$
$2.24 \div 0.28 =$

�35 $336 \div 16 =$
$33.6 \div 1.6 =$
$3.36 \div 0.16 =$

㉖ $96 \div 12 =$
$9.6 \div 1.2 =$
$0.96 \div 0.12 =$

㉛ $252 \div 21 =$
$25.2 \div 2.1 =$
$2.52 \div 0.21 =$

㊱ $341 \div 31 =$
$34.1 \div 3.1 =$
$3.41 \div 0.31 =$

㉗ $135 \div 15 =$
$13.5 \div 1.5 =$
$1.35 \div 0.15 =$

㉜ $285 \div 19 =$
$28.5 \div 1.9 =$
$2.85 \div 0.19 =$

㊲ $408 \div 24 =$
$40.8 \div 2.4 =$
$4.08 \div 0.24 =$

㉘ $143 \div 13 =$
$14.3 \div 1.3 =$
$1.43 \div 0.13 =$

㉝ $306 \div 17 =$
$30.6 \div 1.7 =$
$3.06 \div 0.17 =$

㊳ $432 \div 9 =$
$43.2 \div 0.9 =$
$4.32 \div 0.09 =$

㉙ $196 \div 14 =$
$19.6 \div 1.4 =$
$1.96 \div 0.14 =$

㉞ $325 \div 25 =$
$32.5 \div 2.5 =$
$3.25 \div 0.25 =$

㊴ $416 \div 13 =$
$41.6 \div 1.3 =$
$4.16 \div 0.13 =$

14 (소수 한 자리 수) ÷(소수 한 자리 수)

● **2.7÷0.3의 계산**

$$0.3 \overline{)2.7} \quad \rightarrow \quad 0.3 \overline{)2.7} \quad \rightarrow \quad 3 \overline{)27}$$

나누는 수와 나누어지는 수의 소수점을 오른쪽으로 똑같이 한 자리씩 옮깁니다.

자연수의 나눗셈을 이용해 계산합니다.

$$3 \overline{)27} \quad \begin{array}{r} 9 \\ \hline 27 \\ 27 \\ \hline 0 \end{array}$$

○ **계산해 보세요.**

1
$$0.2 \overline{)1.8}$$

2
$$1.6 \overline{)22.4}$$

3
$$0.6 \overline{)3.6}$$

4
$$2.3 \overline{)41.4}$$

⑤ 0.4)‾2‾.‾4‾

⑥ 0.5)‾4‾.‾5‾

⑦ 0.7)‾4‾.‾2‾

⑧ 0.8)‾5‾.‾6‾

⑨ 1.6)‾1‾ ‾1‾.‾2‾

⑩ 1.8)‾1‾ ‾6‾.‾2‾

⑪ 3.2)‾1‾ ‾9‾.‾2‾

⑫ 4.1)‾2‾ ‾8‾.‾7‾

⑬ 3.4)‾6‾ ‾1‾.‾2‾

⑭ 4.8)‾1‾ ‾1‾ ‾5‾.‾2‾

⑮ 5.3)‾1‾ ‾2‾ ‾7‾.‾2‾

⑯ 6.5)‾1‾ ‾4‾ ‾9‾.‾5‾

◎ 계산해 보세요.

⑰ 2.7÷0.3＝

각 자리를
맞추어 쓴 후
세로로
계산해요.

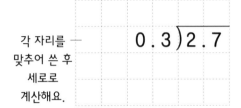

⑱ 5.2÷1.3＝

⑲ 40.8÷3.4＝

⑳ 151.2÷6.3＝

㉑ 3.5÷0.7＝

㉒ 12.6÷1.4＝

㉓ 43.2÷1.8＝

㉔ 217.5÷7.5＝

㉕ 4.8÷0.6＝

㉖ 17.2÷4.3＝

㉗ 46.4÷2.9＝

㉘ 243.6÷8.7＝

㉙ $1.2 \div 0.3 =$

㊱ $11.7 \div 1.3 =$

㊸ $46.8 \div 3.6 =$

㉚ $1.6 \div 0.8 =$

㊲ $14.7 \div 2.1 =$

㊹ $50.4 \div 2.8 =$

㉛ $2.8 \div 0.4 =$

㊳ $15.6 \div 2.6 =$

㊺ $109.2 \div 5.2 =$

㉜ $3.2 \div 0.4 =$

㊴ $19.2 \div 4.8 =$

㊻ $170.1 \div 6.3 =$

㉝ $4.9 \div 0.7 =$

㊵ $22.5 \div 4.5 =$

㊼ $266.4 \div 7.4 =$

㉞ $5.4 \div 0.6 =$

㊶ $25.6 \div 3.2 =$

㊽ $275.9 \div 8.9 =$

㉟ $9.5 \div 1.9 =$

㊷ $33.3 \div 3.7 =$

㊾ $291.2 \div 9.1 =$

15 (소수 두 자리 수) ÷(소수 두 자리 수)

○ **1.12÷0.14의 계산**

$$0.14\overline{)1.1\,2} \rightarrow 0.14\overline{)1.1\,2} \rightarrow 14\overline{)1\,1\,2}$$

나누는 수와 나누어지는 수의
소수점을 오른쪽으로 똑같이
두 자리씩 옮깁니다.

$$\begin{array}{r} 8 \\ 14\overline{)1\,1\,2} \\ \underline{1\,1\,2} \\ 0 \end{array}$$

자연수의 나눗셈을
이용해 계산합니다.

○ 계산해 보세요.

1

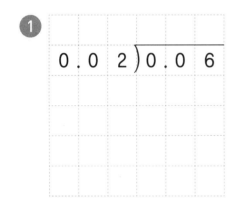

$$0.02\overline{)0.06}$$

3

$$0.24\overline{)1.44}$$

2

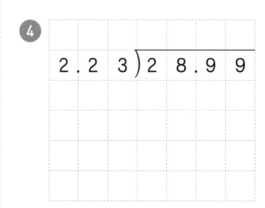

$$2.17\overline{)28.21}$$

4

$$2.23\overline{)28.99}$$

⑤
$0.37\overline{)1.4\ 8}$

⑥
$0.41\overline{)2.4\ 6}$

⑦
$0.58\overline{)5.2\ 2}$

⑧
$0.76\overline{)5.3\ 2}$

⑨
$1.52\overline{)1\ 3.6\ 8}$

⑩
$1.64\overline{)1\ 3.1\ 2}$

⑪
$1.77\overline{)1\ 2.3\ 9}$

⑫
$1.87\overline{)1\ 3.0\ 9}$

⑬
$2.46\overline{)3\ 9.3\ 6}$

⑭
$3.57\overline{)1\ 1\ 4.2\ 4}$

⑮
$4.09\overline{)8\ 5.8\ 9}$

⑯
$4.18\overline{)1\ 2\ 1.2\ 2}$

○ 계산해 보세요.

⑰ 3.22÷0.46＝

㉑ 4.16÷0.52＝

㉕ 4.76÷0.68＝

⑱ 10.72÷1.34＝

㉒ 11.34÷1.26＝

㉖ 11.55÷1.65＝

⑲ 43.52÷2.56＝

㉓ 46.68÷3.89＝

㉗ 49.32÷2.74＝

⑳ 59.78÷4.27＝

㉔ 85.12÷5.32＝

㉘ 99.66÷9.06＝

㉙ $0.74 \div 0.37 =$

㊱ $10.68 \div 1.78 =$

㊸ $39.76 \div 2.84 =$

㉚ $0.96 \div 0.24 =$

㊲ $11.79 \div 1.31 =$

㊹ $116.96 \div 7.31 =$

㉛ $2.87 \div 0.41 =$

㊳ $12.04 \div 1.72 =$

㊺ $143.84 \div 4.96 =$

㉜ $4.65 \div 0.93 =$

㊴ $12.32 \div 1.54 =$

㊻ $157.25 \div 9.25 =$

㉝ $5.88 \div 0.84 =$

㊵ $13.41 \div 1.49 =$

㊼ $173.34 \div 3.21 =$

㉞ $6.56 \div 0.82 =$

㊶ $14.32 \div 1.79 =$

㊽ $185.64 \div 6.63 =$

㉟ $7.11 \div 0.79 =$

㊷ $17.46 \div 1.94 =$

㊾ $235.48 \div 8.12 =$

계산 Plus+

자릿수가 같은 (소수)÷(소수)

○ 빈칸에 알맞은 수를 써넣으세요.

1 ÷

| 7.2 | 1.8 | |

└ 7.2÷1.8을 계산해요.

5 ÷

| 1.34 | 0.67 | |

2 ÷

| 16.8 | 2.4 | |

6 ÷

| 16.17 | 2.31 | |

3 ÷

| 55.2 | 4.6 | |

7 ÷

| 23.68 | 1.48 | |

4 ÷

| 129.2 | 3.8 | |

8 ÷

| 168.21 | 6.23 | |

9
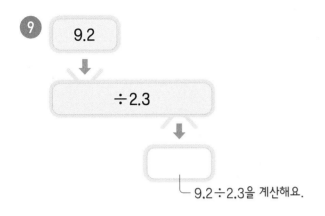

9.2

÷2.3

└─ 9.2÷2.3을 계산해요.

13
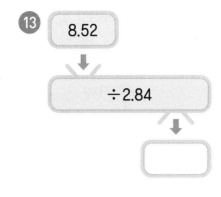

8.52

÷2.84

10
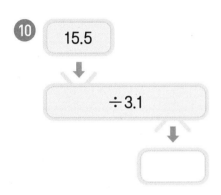

15.5

÷3.1

14
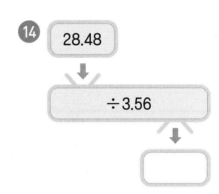

28.48

÷3.56

11
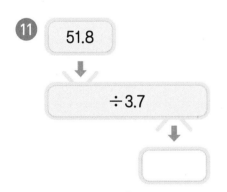

51.8

÷3.7

15
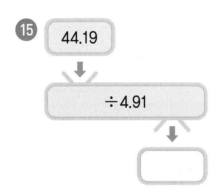

44.19

÷4.91

12
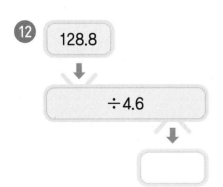

128.8

÷4.6

16
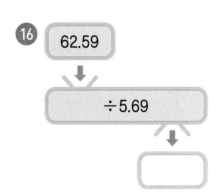

62.59

÷5.69

우주선이 별을 거쳐 행성으로 가려고 합니다. 우주선의 수를 별의 수로 나눌 때,
행성의 수가 몫이 되도록 우주선, 별, 행성을 연결하고, 나눗셈식으로 나타내어 보세요.

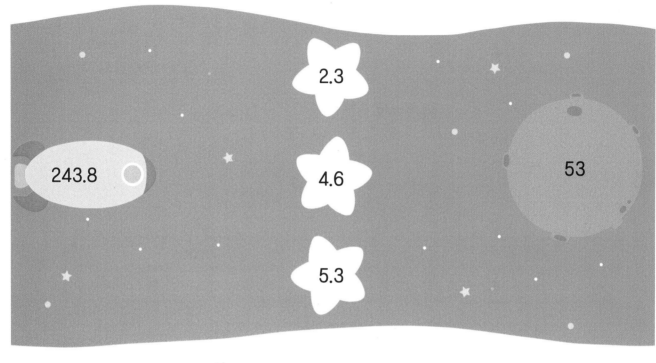

식 _____

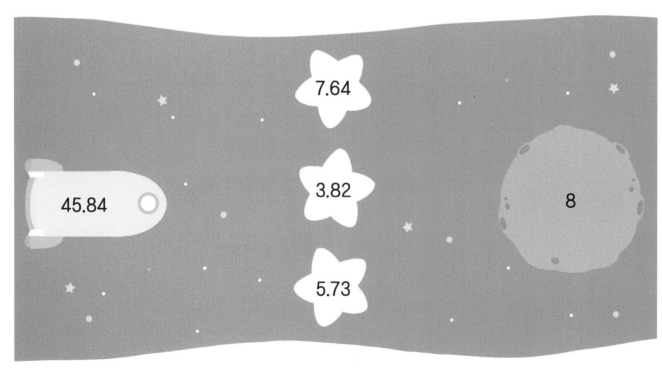

식 _____

친구들이 동굴 밖으로 빠져 나가기 위해서는 비밀번호가 필요합니다.
나눗셈의 몫을 이용하여 비밀번호를 찾아보세요.

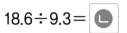

$18.6 \div 9.3 = $ ㉡

$60.34 \div 8.62 = $ ㉢

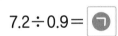

$7.2 \div 0.9 = $ ㉠

$23.95 \div 4.79 = $ ㉣

비밀번호는 　㉠ ㉡ ㉢ ㉣ 　입니다.

17 (소수 두 자리 수) ÷(소수 한 자리 수)

○ **0.48÷0.3의 계산**

$$0.3 \overline{)0.48} \quad \rightarrow \quad 0.3 \overline{)0.48} \quad \rightarrow \quad 3 \overline{)4.8}$$

나누는 수가 자연수가 되도록 소수점을 오른쪽으로 똑같이 한 자리씩 옮깁니다.

나누어지는 수의 소수점 위치에 맞춰 결괏값에 소수점을 올려 찍습니다.

$$\begin{array}{r} 1.6 \\ 3 \overline{)4.8} \\ \underline{3} \\ 1\ 8 \\ \underline{1\ 8} \\ 0 \end{array}$$

○ 계산해 보세요.

1
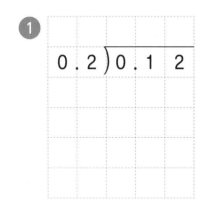

$$0.2 \overline{)0.12}$$

3
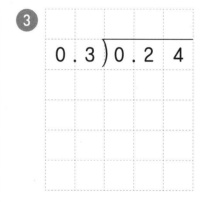

$$0.3 \overline{)0.24}$$

2
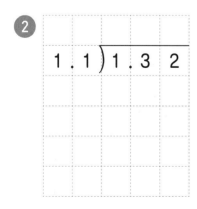

$$1.1 \overline{)1.32}$$

4
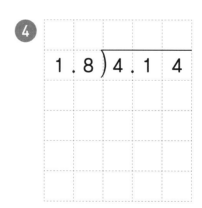

$$1.8 \overline{)4.14}$$

⑤ 0.4)0.1 6

⑥ 0.5)0.2 5

⑦ 0.7)0.4 2

⑧ 0.9)0.6 3

⑨ 2.6)1 3.5 2

⑩ 4.3)2 1.0 7

⑪ 5.2)3 3.2 8

⑫ 6.4)4 6.7 2

⑬ 14.2)5 5.3 8

⑭ 21.7)7 8.1 2

⑮ 24.7)8 6.4 5

⑯ 28.6)8 0.0 8

○ 계산해 보세요.

⑰ 0.27÷0.3＝

⑱ 0.52÷1.3＝

⑲ 12.88÷5.6＝

⑳ 40.32÷12.6＝

㉑ 0.35÷0.5＝

㉒ 1.05÷2.1＝

㉓ 22.62÷2.9＝

㉔ 50.22÷8.1＝

㉕ 0.48÷0.8＝

㉖ 2.38÷3.4＝

㉗ 31.03÷10.7＝

㉘ 50.75÷14.5＝

㉙ $0.42 \div 0.3 =$

㉚ $1.45 \div 0.5 =$

㉛ $1.86 \div 0.6 =$

㉜ $3.01 \div 0.7 =$

㉝ $3.48 \div 0.4 =$

㉞ $5.36 \div 0.8 =$

㉟ $8.75 \div 2.5 =$

㊱ $16.56 \div 3.6 =$

㊲ $21.17 \div 2.9 =$

㊳ $41.76 \div 4.8 =$

㊴ $51.06 \div 6.9 =$

㊵ $82.45 \div 9.7 =$

㊶ $87.45 \div 15.9 =$

㊷ $112.48 \div 14.8 =$

㊸ $123.48 \div 29.4 =$

㊹ $147.84 \div 17.6 =$

㊺ $158.48 \div 28.3 =$

㊻ $188.76 \div 24.2 =$

18 (자연수)÷(소수 한 자리 수)

● **12÷1.5의 계산**

$$1.5\overline{)1\,2} \quad \rightarrow \quad 1.5\overline{)1\,2.0} \quad \rightarrow \quad 15\overline{)1\,2\,0}$$

$$\begin{array}{r} 8 \\ 15\overline{)1\,2\,0} \\ \underline{1\,2\,0} \\ 0 \end{array}$$

나누는 수가 자연수가 되도록 소수점을 오른쪽으로 똑같이 한 자리씩 옮깁니다.

자연수 뒤에 0이 1개 있다고 생각합니다.

○ **계산해 보세요.**

1

$$0.2\overline{)1}$$

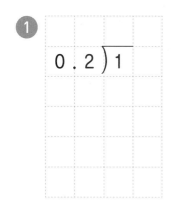

3

$$0.5\overline{)3}$$

2

$$2.6\overline{)3\,9}$$

4

$$3.4\overline{)8\,5}$$

⑤
0.5)4

⑥
1.5)9

⑦
2.4)1 2

⑧
2.5)1 5

⑨
3.2)1 6

⑩
4.4)2 2

⑪
4.5)2 7

⑫
6.5)5 2

⑬
7.5)1 0 5

⑭
8.2)1 2 3

⑮
8.5)1 8 7

⑯
9.6)3 3 6

◯ 계산해 보세요.

17 1÷0.5＝

21 6÷1.5＝

25 10÷2.5＝

18 14÷3.5＝

22 19÷3.8＝

26 24÷4.8＝

19 72÷4.8＝

23 108÷7.2＝

27 117÷4.5＝

20 138÷9.2＝

24 169÷6.5＝

28 185÷7.4＝

㉙ 2÷0.5=

㉟ 20÷2.5=

㊶ 108÷2.4=

㉚ 3÷0.6=

㊱ 21÷4.2=

㊷ 133÷3.8=

㉛ 5÷2.5=

㊲ 22÷5.5=

㊸ 153÷4.5=

㉜ 11÷2.2=

㊳ 27÷5.4=

㊹ 217÷6.2=

㉝ 15÷2.5=

㊴ 36÷4.5=

㊺ 235÷9.4=

㉞ 18÷3.6=

㊵ 39÷7.8=

㊻ 245÷9.8=

19 (자연수)÷(소수 두 자리 수)

● **21÷0.35의 계산**

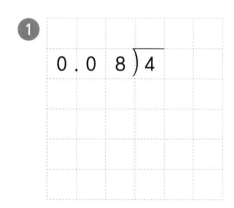

$$0.35{\overline{\smash{)}21}} \;\rightarrow\; 0.35{\overline{\smash{)}21.00}} \;\rightarrow\; 35{\overline{\smash{)}2100}}$$

나누는 수가 자연수가 되도록
소수점을 오른쪽으로 똑같이
두 자리씩 옮깁니다.

$$\begin{array}{r} 6\,0 \\ 35{\overline{\smash{)}2100}} \\ \underline{2\,1\,0} \\ 0 \end{array}$$

자연수 뒤에
0이 2개 있다고
생각합니다.

◎ **계산해 보세요.**

❶ $0.08{\overline{\smash{)}4}}$

❸ $0.14{\overline{\smash{)}7}}$

❷ $1.25{\overline{\smash{)}30}}$

❹ $1.28{\overline{\smash{)}32}}$

5

$0.12 \overline{)6}$

6

$0.25 \overline{)2}$

7

$0.32 \overline{)2\ 4}$

8

$0.74 \overline{)3\ 7}$

9

$1.12 \overline{)2\ 8}$

10

$1.15 \overline{)2\ 3}$

11

$1.45 \overline{)2\ 9}$

12

$1.75 \overline{)8\ 4}$

13

$1.94 \overline{)9\ 7}$

14

$3.08 \overline{)7\ 7}$

15

$4.15 \overline{)8\ 3}$

16

$4.52 \overline{)1\ 1\ 3}$

○ 계산해 보세요.

17 6÷0.15＝

21 11÷0.22＝

25 14÷0.28＝

18 14÷1.75＝

22 37÷1.85＝

26 71÷3.55＝

19 26÷1.04＝

23 27÷1.08＝

27 33÷2.75＝

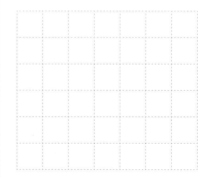

20 35÷1.25＝

24 43÷1.72＝

28 52÷2.08＝

㉙ $8 \div 0.32 =$

㉚ $10 \div 1.25 =$

㉛ $12 \div 0.24 =$

㉜ $28 \div 1.12 =$

㉝ $33 \div 1.32 =$

㉞ $39 \div 0.52 =$

㉟ $46 \div 1.84 =$

㊱ $62 \div 1.55 =$

㊲ $68 \div 1.36 =$

㊳ $84 \div 3.36 =$

㊴ $86 \div 3.44 =$

㊵ $93 \div 3.72 =$

㊶ $108 \div 2.25 =$

㊷ $111 \div 4.44 =$

㊸ $142 \div 2.84 =$

㊹ $150 \div 3.75 =$

㊺ $170 \div 4.25 =$

㊻ $188 \div 2.35 =$

계산 Plus+

(소수 두 자리 수)÷(소수 한 자리 수), (자연수)÷(소수)

○ 빈칸에 알맞은 수를 써넣으세요.

1

÷0.6

0.18 → ☐

└─ 0.18÷0.6을
   계산해요.

2

÷0.32

8 → ☐

3

÷0.64

16 → ☐

4

÷3.4

17 → ☐

5

÷4.7

26.32 → ☐

6

÷6.2

31 → ☐

7

÷3.8

33.06 → ☐

8

÷8.5

34 → ☐

9 38 → ÷7.6 → ⬚
　38÷7.6을 계산해요.

10 41.86 → ÷18.2 → ⬚

11 42 → ÷1.75 → ⬚

12 54 → ÷1.8 → ⬚

13 70.81 → ÷9.7 → ⬚

14 93 → ÷3.72 → ⬚

15 105 → ÷1.25 → ⬚

16 114.24 → ÷22.4 → ⬚

17 144 → ÷9.6 → ⬚

18 153 → ÷4.25 → ⬚

19 155.35 → ÷23.9 → ⬚

20 165 → ÷7.5 → ⬚

사다리를 타고 내려가서 도착한 곳에 계산 결과를 써넣으세요.

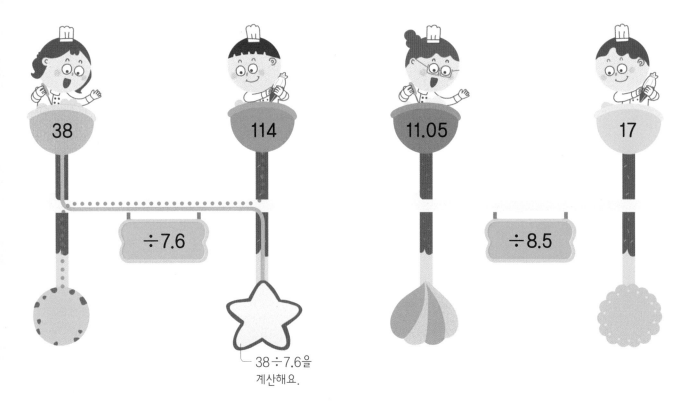

38÷7.6을
계산해요.

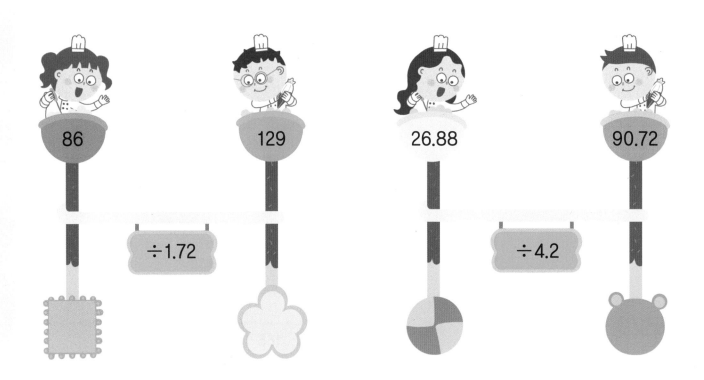

○ 나눗셈을 하여 몫을 그림에서 찾아 색칠해 보세요.

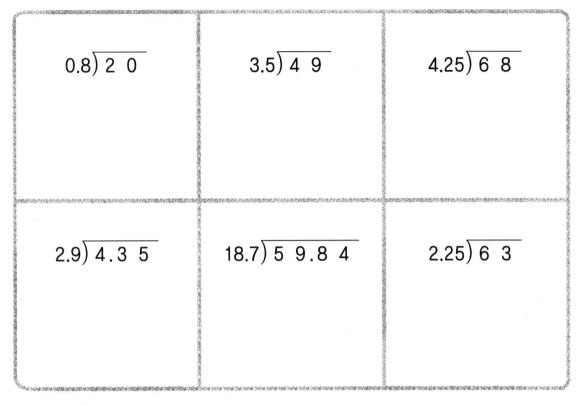

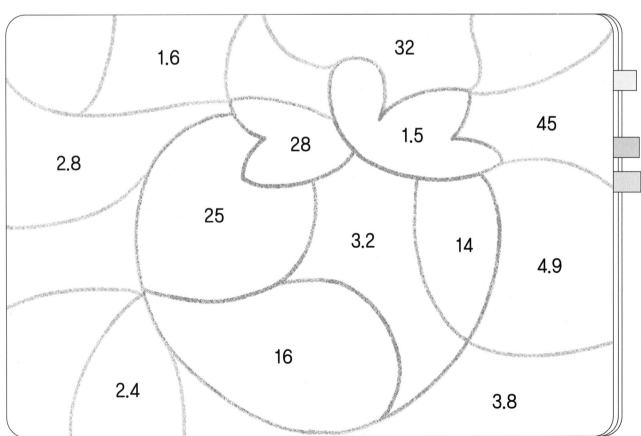

몫을 반올림하여 나타내기

◐ **18÷7의 몫을 반올림하여 나타내기**

몫이 간단한 소수로 구해지지 않을 경우 몫을 어림하여 나타낼 수 있습니다.

```
        2.5 7 1……
   7) 1 8. 0 0 0
        1 4
          4 0
          3 5
            5 0
            4 9
              1 0
                7
                3
```

• 몫을 반올림하여 일의 자리까지 나타내기

$18÷7=2.5…… → 3$

└─ 소수 첫째 자리 숫자가 5이므로 올림

• 몫을 반올림하여 소수 첫째 자리까지 나타내기

$18÷7=2.57…… → 2.6$

└─ 소수 둘째 자리 숫자가 7이므로 올림

• 몫을 반올림하여 소수 둘째 자리까지 나타내기

$18÷7=2.571…… → 2.57$

└─ 소수 셋째 자리 숫자가 1이므로 버림

⬤ 몫을 반올림하여 일의 자리까지 나타내어 보세요.

1 $3 \overline{)5}$

⇨ (   )

2 $6 \overline{)7}$

⇨ (   )

3 $7 \overline{)1\,5}$

⇨ (   )

4 $3 \overline{)8.9}$

⇨ (   )

5 $7.5 \overline{)9.2}$

⇨ (   )

6 $8.6 \overline{)9.8}$

⇨ (   )

● 몫을 반올림하여 소수 첫째 자리까지 나타내어 보세요.

7

$3\overline{)7}$

⇨ (   )

8

$6\overline{)1\ 0}$

⇨ (   )

9

$7\overline{)1\ 2}$

⇨ (   )

10

$9\overline{)1\ 4}$

⇨ (   )

11

$6\overline{)5\ .2}$

⇨ (   )

12

$11\overline{)7\ .3}$

⇨ (   )

13

$14\overline{)4\ .6}$

⇨ (   )

14

$18\overline{)9\ .3}$

⇨ (   )

15

$2.3\overline{)4\ .8}$

⇨ (   )

16

$3.7\overline{)5\ .9}$

⇨ (   )

17

$7.2\overline{)8\ .4}$

⇨ (   )

18

$9.6\overline{)2\ 8\ .3}$

⇨ (   )

◯ 몫을 반올림하여 소수 둘째 자리까지 나타내어 보세요.

19

$6)\overline{4}$

⇨ (   )

22

$12)\overline{8.5}$

⇨ (   )

25

$2.4)\overline{9.3}$

⇨ (   )

20

$7)\overline{2\ 7}$

⇨ (   )

23

$13)\overline{3\ 7.6}$

⇨ (   )

26

$3.8)\overline{2\ 6.8}$

⇨ (   )

21

$9)\overline{3\ 4}$

⇨ (   )

24

$17)\overline{5\ 2.4}$

⇨ (   )

27

$22.6)\overline{3\ 1.5}$

⇨ (   )

● 몫을 반올림하여 주어진 자리까지 나타내어 보세요.

28   8÷3

⇨ 일의 자리 (   )

29   15÷7

⇨ 일의 자리 (   )

30   50÷6

⇨ 일의 자리 (   )

31   7.4÷9

⇨ 일의 자리 (   )

32   16.9÷12

⇨ 소수 첫째 자리 (   )

33   24.4÷15

⇨ 소수 첫째 자리 (   )

34   37.2÷18

⇨ 소수 첫째 자리 (   )

35   8.6÷19

⇨ 소수 첫째 자리 (   )

36   9.7÷0.9

⇨ 소수 둘째 자리 (   )

37   14.3÷1.7

⇨ 소수 둘째 자리 (   )

38   31.8÷2.3

⇨ 소수 둘째 자리 (   )

39   53.1÷3.1

⇨ 소수 둘째 자리 (   )

나누어 주고 남는 양

물 7.4 L를 한 사람에게 2 L씩 나누어 줄 때, 나누어 줄 수 있는 사람 수와 남는 양 구하기

$$7.4 \div 2 \rightarrow$$

한 사람이 가지는 양

나누어 주는 양

3 — 나누어 줄 수 있는 사람 수

2) 7.4

6

1.4 — 남는 물의 양

남는 양의 소수점은 나누어지는 수의 처음 소수점과 같은 위치에 맞추어 찍습니다.

◯ 나눗셈의 몫을 자연수 부분까지 구하고 남는 수를 구해 보세요.

①

2) 2.1

몫 (　　　　　)
남는 수 (　　　　　)

③

2) 4.7

몫 (　　　　　)
남는 수 (　　　　　)

⑤

3) 6.2

몫 (　　　　　)
남는 수 (　　　　　)

②

2) 3.5

몫 (　　　　　)
남는 수 (　　　　　)

④

3) 5.8

몫 (　　　　　)
남는 수 (　　　　　)

⑥

3) 7.3

몫 (　　　　　)
남는 수 (　　　　　)

7

$4)\overline{8.4}$

몫 (　　　　　)
남는 수 (　　　　　)

8

$4)\overline{9.6}$

몫 (　　　　　)
남는 수 (　　　　　)

9

$5)\overline{3\ 2.8}$

몫 (　　　　　)
남는 수 (　　　　　)

10

$5)\overline{4\ 4.2}$

몫 (　　　　　)
남는 수 (　　　　　)

11

$6)\overline{5\ 7.5}$

몫 (　　　　　)
남는 수 (　　　　　)

12

$6)\overline{6\ 0.3}$

몫 (　　　　　)
남는 수 (　　　　　)

13

$7)\overline{6\ 2.7}$

몫 (　　　　　)
남는 수 (　　　　　)

14

$7)\overline{7\ 1.9}$

몫 (　　　　　)
남는 수 (　　　　　)

15

$8)\overline{7\ 9.6}$

몫 (　　　　　)
남는 수 (　　　　　)

16

$8)\overline{9\ 5.8}$

몫 (　　　　　)
남는 수 (　　　　　)

17

$9)\overline{1\ 0\ 6.3}$

몫 (　　　　　)
남는 수 (　　　　　)

18

$9)\overline{1\ 2\ 5.7}$

몫 (　　　　　)
남는 수 (　　　　　)

● 나눗셈의 몫을 자연수 부분까지 구하고 남는 수를 구해 보세요.

19 $3 \overline{)\, 5 . 2}$

몫 (　　　　　)
남는 수 (　　　　　)

20 $3 \overline{)\, 6 . 5}$

몫 (　　　　　)
남는 수 (　　　　　)

21 $4 \overline{)\, 7 . 9}$

몫 (　　　　　)
남는 수 (　　　　　)

22 $5 \overline{)\, 8 . 7}$

몫 (　　　　　)
남는 수 (　　　　　)

23 $5 \overline{)\, 1 \ 4 . 3}$

몫 (　　　　　)
남는 수 (　　　　　)

24 $6 \overline{)\, 3 \ 5 . 8}$

몫 (　　　　　)
남는 수 (　　　　　)

25 $6 \overline{)\, 5 \ 2 . 4}$

몫 (　　　　　)
남는 수 (　　　　　)

26 $7 \overline{)\, 6 \ 8 . 1}$

몫 (　　　　　)
남는 수 (　　　　　)

27 $7 \overline{)\, 8 \ 3 . 6}$

몫 (　　　　　)
남는 수 (　　　　　)

28 $8 \overline{)\, 9 \ 2 . 7}$

몫 (　　　　　)
남는 수 (　　　　　)

29 $8 \overline{)\, 1 \ 4 \ 3 . 6}$

몫 (　　　　　)
남는 수 (　　　　　)

30 $9 \overline{)\, 1 \ 7 \ 8 . 5}$

몫 (　　　　　)
남는 수 (　　　　　)

31　4.2÷4

몫 (　　　　　)
남는 수 (　　　　　)

35　24.5÷7

몫 (　　　　　)
남는 수 (　　　　　)

39　81.9÷8

몫 (　　　　　)
남는 수 (　　　　　)

32　5.7÷5

몫 (　　　　　)
남는 수 (　　　　　)

36　30.8÷7

몫 (　　　　　)
남는 수 (　　　　　)

40　99.4÷9

몫 (　　　　　)
남는 수 (　　　　　)

33　7.8÷6

몫 (　　　　　)
남는 수 (　　　　　)

37　46.7÷8

몫 (　　　　　)
남는 수 (　　　　　)

41　136.2÷9

몫 (　　　　　)
남는 수 (　　　　　)

34　18.5÷6

몫 (　　　　　)
남는 수 (　　　　　)

38　59.3÷8

몫 (　　　　　)
남는 수 (　　　　　)

42　142.3÷10

몫 (　　　　　)
남는 수 (　　　　　)

23 어떤 수 구하기

원리 곱셈과 나눗셈의 관계

$$▲ × ● = ■ → \begin{cases} ● = ■ ÷ ▲ \\ ▲ = ■ ÷ ● \end{cases}$$

적용 곱셈식의 어떤 수(☐) 구하기

· $0.8 × ☐ = 4.8$ → $☐ = 4.8 ÷ 0.8 = 6$

· $☐ × 3.2 = 16$ → $☐ = 16 ÷ 3.2 = 5$

○ 어떤 수(☐)를 구하려고 합니다. 빈칸에 알맞은 수를 써넣으세요.

1 $1.6 × ☐ = 6.4$

$6.4 ÷ 1.6 = ☐$

2 $1.78 × ☐ = 5.34$

$5.34 ÷ 1.78 = ☐$

3 $0.6 × ☐ = 0.72$

$0.72 ÷ 0.6 = ☐$

4 $1.5 × ☐ = 9$

$9 ÷ 1.5 = ☐$

5 $1.12 × ☐ = 28$

$28 ÷ 1.12 = ☐$

6 $2.3 × ☐ = 9.2$

$9.2 ÷ 2.3 = ☐$

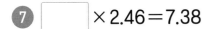
7 ☐ ×2.46＝7.38

7.38÷2.46＝ ☐

8 ☐ ×2.7＝5.94

5.94÷2.7＝ ☐

9 ☐ ×1.4＝49

49÷1.4＝ ☐

10 ☐ ×0.25＝10

10÷0.25＝ ☐

11 ☐ ×3.1＝18.6

18.6÷3.1＝ ☐

12 ☐ ×3.12＝18.72

18.72÷3.12＝ ☐

13 ☐ ×3.4＝10.54

10.54÷3.4＝ ☐

14 ☐ ×2.5＝35

35÷2.5＝ ☐

15 ☐ ×2.48＝124

124÷2.48＝ ☐

16 ☐ ×4.6＝18.4

18.4÷4.6＝ ☐

○ 어떤 수( )를 구하려고 합니다. 빈칸에 알맞은 수를 써넣으세요.

17 $3.53 \times \boxed{} = 14.12$

18 $2.9 \times \boxed{} = 21.46$

19 $2.2 \times \boxed{} = 11$

20 $2.85 \times \boxed{} = 57$

21 $4.6 \times \boxed{} = 36.8$

22 $4.19 \times \boxed{} = 92.18$

23 $2.9 \times \boxed{} = 23.49$

24 $7.5 \times \boxed{} = 180$

25 $1.62 \times \boxed{} = 81$

26 $6.9 \times \boxed{} = 117.3$

27 $5.47 \times \boxed{} = 175.04$

28 $8.9 \times \boxed{} = 14.24$

㉙ ☐ × 5.6 = 28

㉚ ☐ × 4.14 = 207

㉛ ☐ × 6.3 = 69.3

㉜ ☐ × 7.29 = 196.83

㉝ ☐ × 8.4 = 26.04

㉞ ☐ × 3.5 = 42

㉟ ☐ × 4.15 = 83

㊱ ☐ × 9.6 = 220.8

㊲ ☐ × 8.74 = 192.28

㊳ ☐ × 7.2 = 43.92

㊴ ☐ × 4.8 = 72

㊵ ☐ × 3.75 = 45

계산 Plus+

몫을 반올림하여 나타내기, 나누어 주고 남는 양

○ 몫을 반올림하여 주어진 자리까지 나타내어 보세요.

1　4÷3　→　일의 자리 ⬚

4÷3의 몫을 반올림하여
일의 자리까지 나타내요.

5　23÷7　→　소수 둘째 자리 ⬚

2　7.9÷0.3　→　소수 첫째 자리 ⬚

6　31.4÷13　→　소수 첫째 자리 ⬚

3　11.8÷2.4　→　소수 둘째 자리 ⬚

7　42.6÷6.7　→　일의 자리 ⬚

4　23.5÷14　→　소수 첫째 자리 ⬚

8　43÷9　→　소수 둘째 자리 ⬚

● 나눗셈의 몫을 자연수 부분까지 구하고 남는 수를 구해 보세요.

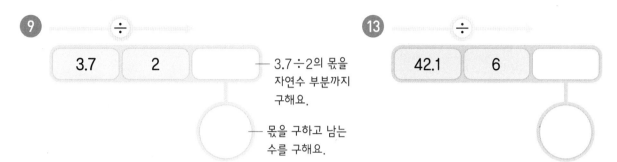

9 ÷

| 3.7 | 2 | |

— 3.7÷2의 몫을
자연수 부분까지
구해요.

— 몫을 구하고 남는
수를 구해요.

13 ÷

| 42.1 | 6 | |

10 ÷

| 12.5 | 3 | |

14 ÷

| 67.9 | 7 | |

11 ÷

| 21.8 | 4 | |

15 ÷

| 75.4 | 8 | |

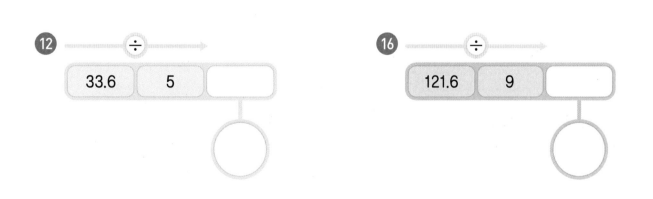

12 ÷

| 33.6 | 5 | |

16 ÷

| 121.6 | 9 | |

나눗셈의 몫을 반올림하여 소수 첫째 자리까지 나타냈을 때,
몫이 작은 것부터 차례대로 선으로 이어 보세요.

25.5÷7

52.9÷14

16.8÷3.8

13÷9

50.6÷7.7

7÷3

84.7÷26

○ 지호는 나눗셈의 몫을 자연수 부분까지 구했을 때, 남는 수가 적힌 길을 따라가려고 합니다.
지호가 도착하는 곳에 ○표 하세요.

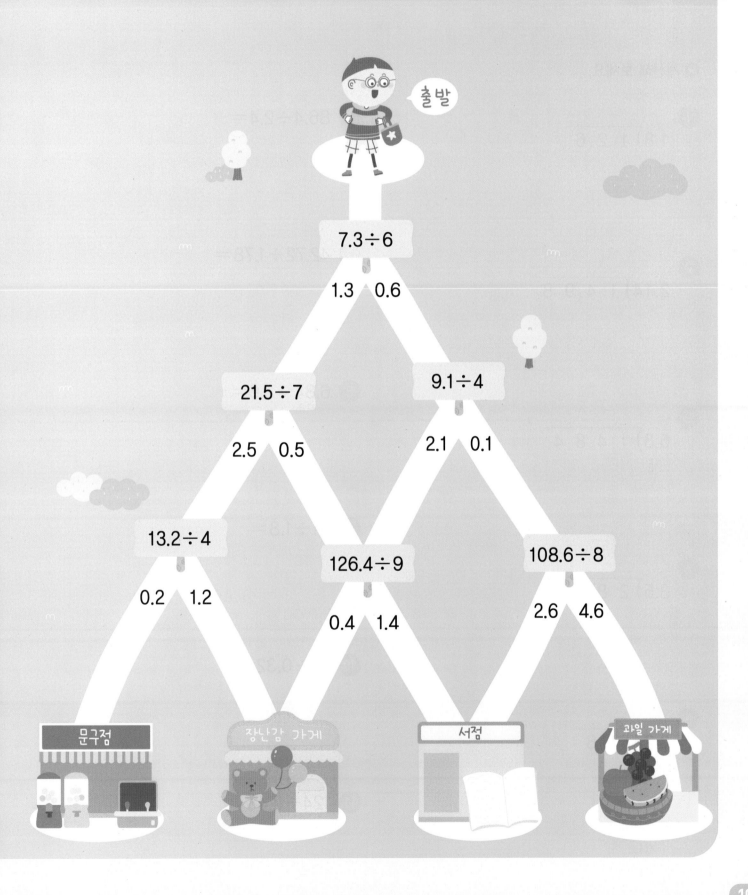

출발

7.3÷6

1.3 　 0.6

21.5÷7 　　 9.1÷4

2.5 　 0.5 　　 2.1 　 0.1

13.2÷4 　 126.4÷9 　 108.6÷8

0.2 　 1.2 　 0.4 　 1.4 　 2.6 　 4.6

문구점 　 장난감 가게 　 서점 　 과일 가게

25 소수의 나눗셈 평가

○ 계산해 보세요.

① $1.8 \overline{)1\ 2.6}$

② $2.14 \overline{)1\ 4.9\ 8}$

③ $5.3 \overline{)1\ 4.8\ 4}$

④ $3.5 \overline{)2\ 8}$

⑤ $0.24 \overline{)1\ 8}$

⑥ $86.4 \div 2.4 =$

⑦ $42.72 \div 1.78 =$

⑧ $6.84 \div 3.6 =$

⑨ $81 \div 1.8 =$

⑩ $16 \div 0.32 =$

⑪ $124 \div 2.48 =$

○ 몫을 반올림하여 주어진 자리까지 나타내어 보세요.

12   24÷17

⇨ 일의 자리 (   )

13   58.7÷14

⇨ 소수 첫째 자리 (   )

14   9.2÷3.6

⇨ 소수 둘째 자리 (   )

○ 나눗셈의 몫을 자연수 부분까지 구하고 남는 수를 구해 보세요.

15   65.4÷6

몫 (   )
남는 수 (   )

16   187.3÷9

몫 (   )
남는 수 (   )

○ 빈칸에 알맞은 수를 써넣으세요.

17
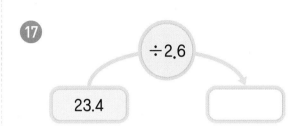

18
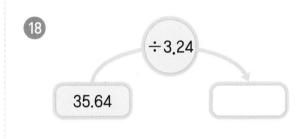

19
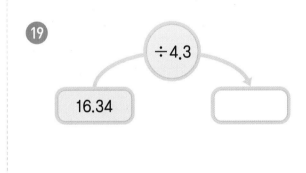

20
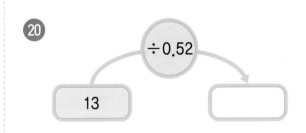

3 비례식과 비례배분

비례식의 성질을 이용하여 비례식을 풀고,
비례배분의 개념을 알고, 비례배분하는 훈련이 중요한

26 비의 성질

비의 전항과 후항에 0이 아닌 같은 수를 곱하여도 비율은 같습니다.

전항 ┐ ┌ 후항
$4 : 6$ → 비율: $\dfrac{4}{6} = \dfrac{2}{3}$
$\times 2$ $\times 2$
$8 : 12$ → 비율: $\dfrac{8}{12} = \dfrac{2}{3}$

비율이 같습니다.

비의 전항과 후항을 0이 아닌 같은 수로 나누어도 비율은 같습니다.

전항 ┐ ┌ 후항
$4 : 6$ → 비율: $\dfrac{4}{6} = \dfrac{2}{3}$
$\div 2$ $\div 2$
$2 : 3$ → 비율: $\dfrac{2}{3}$

비율이 같습니다.

○ 비의 전항과 후항에 0이 아닌 같은 수를 곱하여 비율이 같은 비를 만들어 보세요.

1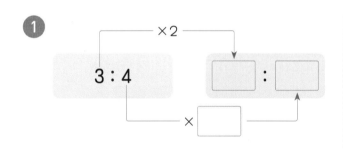

3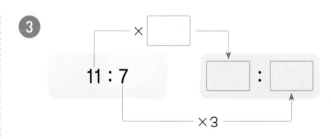

2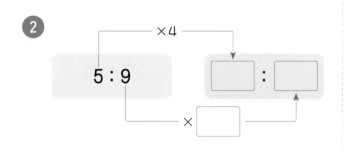

4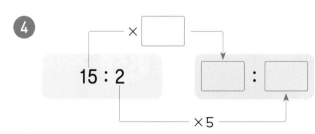

○ 비의 전항과 후항을 0이 아닌 같은 수로 나누어 비율이 같은 비를 만들어 보세요.

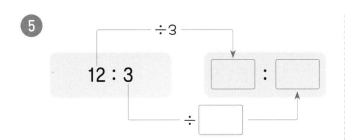

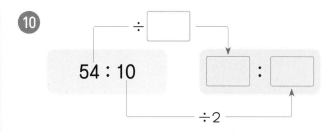

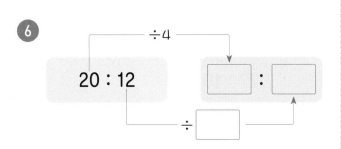

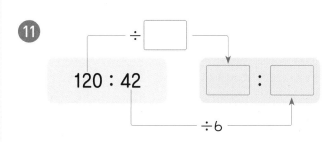

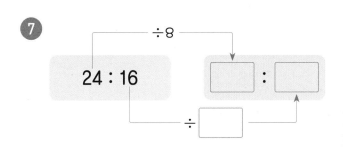

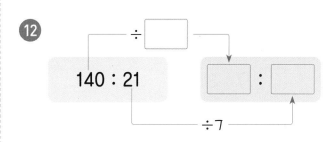

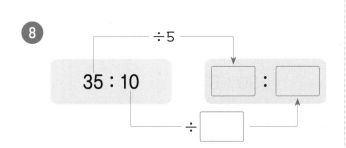

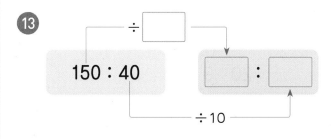

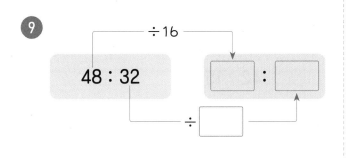

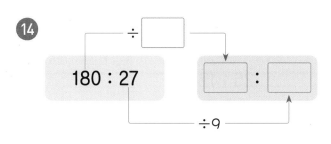

○ 비의 전항과 후항에 0이 아닌 같은 수를 곱하여 비율이 같은 비를 만들어 보세요.

15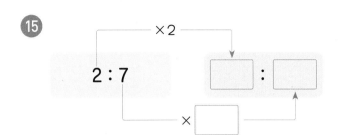

2 : 7   ×2

16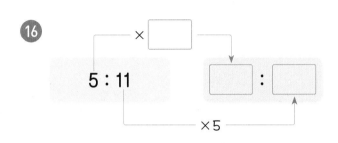

5 : 11   ×5

17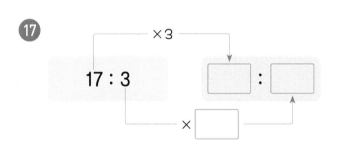

17 : 3   ×3

18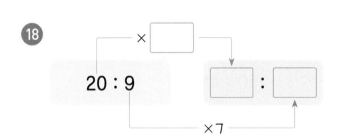

20 : 9   ×7

19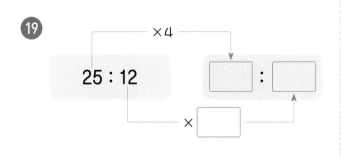

25 : 12   ×4

20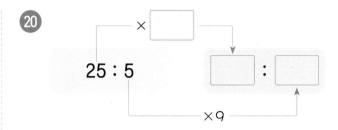

25 : 5   ×9

21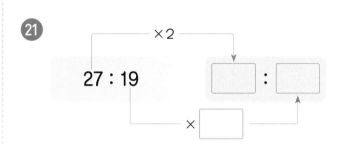

27 : 19   ×2

22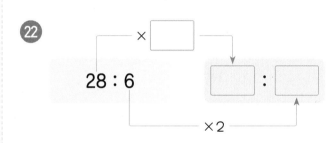

28 : 6   ×2

23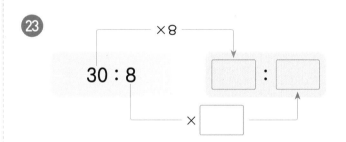

30 : 8   ×8

24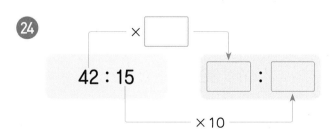

42 : 15   ×10

● 비의 전항과 후항을 0이 아닌 같은 수로 나누어 비율이 같은 비를 만들어 보세요.

25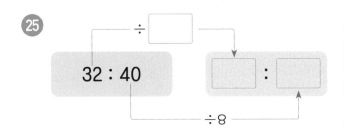

30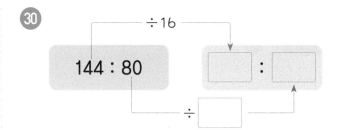

26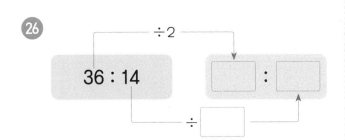

31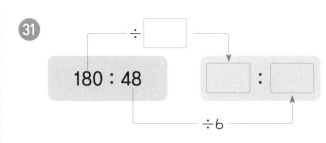

27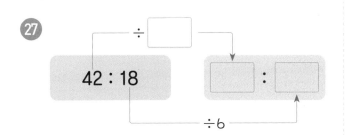

32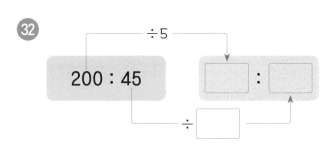

28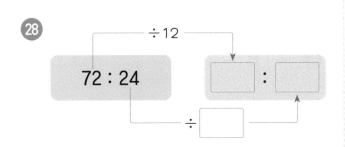

33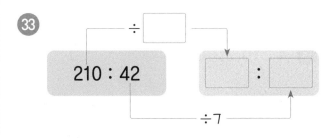

29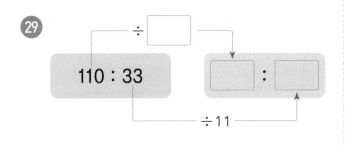

34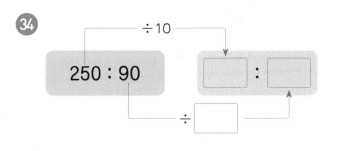

27 간단한 자연수의 비로 나타내기

● **6 : 15를 가장 간단한 자연수의 비로 나타내기**

$$6 : 15 \ \rightarrow \ (6 \div 3) : (15 \div 3) \ \rightarrow \ 2 : 5$$

전항과 후항을 6과 15의 최대공약수인 3으로 나누기

○ **가장 간단한 자연수의 비로 나타내어 보세요.**

1 2 : 6 ⇨ (   )

2 3 : 12 ⇨ (   )

3 4 : 10 ⇨ (   )

4 5 : 20 ⇨ (   )

5 7 : 35 ⇨ (   )

6 8 : 24 ⇨ (   )

7 9 : 15 ⇨ (   )

8 14 : 8 ⇨ (   )

9 15 : 18 ⇨ (   )

10 18 : 22 ⇨ (   )

⑪ 21 : 18 ⇨ (   )

⑱ 51 : 34 ⇨ (   )

⑫ 24 : 3 ⇨ (   )

⑲ 64 : 56 ⇨ (   )

⑬ 26 : 13 ⇨ (   )

⑳ 76 : 30 ⇨ (   )

⑭ 27 : 21 ⇨ (   )

㉑ 92 : 40 ⇨ (   )

⑮ 30 : 14 ⇨ (   )

㉒ 100 : 85 ⇨ (   )

⑯ 40 : 35 ⇨ (   )

㉓ 114 : 110 ⇨ (   )

⑰ 42 : 14 ⇨ (   )

㉔ 126 : 62 ⇨ (   )

○ 가장 간단한 자연수의 비로 나타내어 보세요.

25 4 : 14 ⇨ (   )

32 15 : 21 ⇨ (   )

26 5 : 15 ⇨ (   )

33 17 : 68 ⇨ (   )

27 6 : 34 ⇨ (   )

34 20 : 38 ⇨ (   )

28 8 : 12 ⇨ (   )

35 22 : 16 ⇨ (   )

29 9 : 36 ⇨ (   )

36 27 : 18 ⇨ (   )

30 11 : 33 ⇨ (   )

37 32 : 30 ⇨ (   )

31 14 : 49 ⇨ (   )

38 35 : 50 ⇨ (   )

39 44 : 36 ⇨ (   )

40 46 : 28 ⇨ (   )

41 52 : 30 ⇨ (   )

42 58 : 22 ⇨ (   )

43 69 : 33 ⇨ (   )

44 78 : 52 ⇨ (   )

45 84 : 63 ⇨ (   )

46 96 : 64 ⇨ (   )

47 106 : 52 ⇨ (   )

48 124 : 80 ⇨ (   )

49 172 : 48 ⇨ (   )

50 198 : 81 ⇨ (   )

51 210 : 102 ⇨ (   )

52 228 : 56 ⇨ (   )

28 소수의 비를 간단한 자연수의 비로 나타내기

● **0.4 : 1.3을 가장 간단한 자연수의 비로 나타내기**

$$0.4 : 1.3 \rightarrow (0.4 \times 10) : (1.3 \times 10) \rightarrow 4 : 13$$

전항과 후항에 10, 100, 1000······을 곱하기

○ **가장 간단한 자연수의 비로 나타내어 보세요.**

❶ 0.2 : 0.3 ⇨ (   )

❷ 0.3 : 0.7 ⇨ (   )

❸ 0.5 : 0.6 ⇨ (   )

❹ 0.7 : 1.5 ⇨ (   )

❺ 1.1 : 2.4 ⇨ (   )

❻ 0.09 : 0.11 ⇨ (   )

❼ 0.17 : 0.32 ⇨ (   )

❽ 0.19 : 0.35 ⇨ (   )

❾ 0.25 : 0.14 ⇨ (   )

❿ 1.31 : 0.16 ⇨ (   )

⑪ 0.3 : 1.5 ⇨ (   )

⑱ 0.16 : 0.24 ⇨ (   )

⑫ 0.5 : 2.5 ⇨ (   )

⑲ 0.27 : 0.36 ⇨ (   )

⑬ 0.6 : 0.4 ⇨ (   )

⑳ 0.35 : 0.45 ⇨ (   )

⑭ 0.7 : 1.4 ⇨ (   )

㉑ 0.52 : 0.36 ⇨ (   )

⑮ 0.9 : 2.7 ⇨ (   )

㉒ 2.14 : 0.88 ⇨ (   )

⑯ 1.2 : 1.8 ⇨ (   )

㉓ 2.79 : 0.63 ⇨ (   )

⑰ 1.5 : 2.1 ⇨ (   )

㉔ 3.22 : 2.16 ⇨ (   )

○ 가장 간단한 자연수의 비로 나타내어 보세요.

㉕ 0.4 : 1.4 ⇨ (   )

㉜ 1.8 : 2.4 ⇨ (   )

㉖ 0.5 : 3.5 ⇨ (   )

㉝ 2.1 : 2.7 ⇨ (   )

㉗ 0.6 : 2.4 ⇨ (   )

㉞ 2.2 : 3.2 ⇨ (   )

㉘ 0.7 : 2.1 ⇨ (   )

㉟ 2.46 : 0.42 ⇨ (   )

㉙ 0.8 : 1.8 ⇨ (   )

㊱ 2.55 : 0.25 ⇨ (   )

㉚ 1.2 : 1.4 ⇨ (   )

㊲ 3.15 : 2.55 ⇨ (   )

㉛ 1.5 : 1.8 ⇨ (   )

㊳ 3.52 : 0.16 ⇨ (   )

39 3.75 : 1.25 ⇨ ( )

46 1.08 : 0.6 ⇨ ( )

40 3.86 : 1.82 ⇨ ( )

47 2.7 : 1.23 ⇨ ( )

41 4.02 : 0.66 ⇨ ( )

48 2.52 : 0.7 ⇨ ( )

42 4.28 : 2.44 ⇨ ( )

49 3.2 : 1.45 ⇨ ( )

43 4.52 : 0.48 ⇨ ( )

50 3.65 : 2.5 ⇨ ( )

44 0.46 : 0.8 ⇨ ( )

51 3.8 : 1.14 ⇨ ( )

45 0.5 : 2.55 ⇨ ( )

52 4.52 : 4.8 ⇨ ( )

분수의 비를
간단한 자연수의 비로 나타내기

● $\dfrac{3}{4} : \dfrac{2}{5}$ 를 가장 간단한 자연수의 비로 나타내기

$$\dfrac{3}{4} : \dfrac{2}{5} \rightarrow \left(\dfrac{3}{4} \times 20 \right) : \left(\dfrac{2}{5} \times 20 \right) \rightarrow 15 : 8$$

전항과 후항에 두 분모 4, 5의 최소공배수인 20을 곱하기

◯ 가장 간단한 자연수의 비로 나타내어 보세요.

1 $\dfrac{1}{2} : \dfrac{1}{5}$ ⇨ (   )

2 $\dfrac{1}{4} : \dfrac{1}{3}$ ⇨ (   )

3 $\dfrac{3}{5} : \dfrac{2}{7}$ ⇨ (   )

4 $\dfrac{3}{7} : \dfrac{1}{8}$ ⇨ (   )

5 $\dfrac{5}{8} : \dfrac{6}{7}$ ⇨ (   )

6 $\dfrac{4}{9} : \dfrac{3}{8}$ ⇨ (   )

7 $1\dfrac{1}{11} : 1\dfrac{2}{3}$ ⇨ (   )

8 $1\dfrac{1}{13} : 1\dfrac{1}{2}$ ⇨ (   )

9 $\dfrac{3}{4} : \dfrac{5}{8} \Rightarrow ($ $)$

10 $\dfrac{4}{5} : \dfrac{7}{10} \Rightarrow ($ $)$

11 $\dfrac{5}{6} : \dfrac{2}{3} \Rightarrow ($ $)$

12 $\dfrac{11}{12} : \dfrac{1}{4} \Rightarrow ($ $)$

13 $1\dfrac{1}{12} : 1\dfrac{1}{6} \Rightarrow ($ $)$

14 $1\dfrac{3}{14} : 1\dfrac{5}{7} \Rightarrow ($ $)$

15 $1\dfrac{1}{16} : 1\dfrac{3}{8} \Rightarrow ($ $)$

16 $1\dfrac{5}{18} : 1\dfrac{2}{3} \Rightarrow ($ $)$

17 $1\dfrac{3}{20} : 1\dfrac{9}{14} \Rightarrow ($ $)$

18 $2\dfrac{1}{22} : 1\dfrac{1}{11} \Rightarrow ($ $)$

19 $1\dfrac{7}{25} : 1\dfrac{3}{10} \Rightarrow ($ $)$

20 $2\dfrac{4}{35} : 2\dfrac{2}{15} \Rightarrow ($ $)$

○ 가장 간단한 자연수의 비로 나타내어 보세요.

21 $\dfrac{2}{5} : \dfrac{3}{7}$ ⇨ (   )

27 $\dfrac{5}{17} : \dfrac{2}{5}$ ⇨ (   )

22 $\dfrac{3}{8} : \dfrac{4}{5}$ ⇨ (   )

28 $\dfrac{7}{19} : \dfrac{2}{3}$ ⇨ (   )

23 $\dfrac{4}{9} : \dfrac{3}{10}$ ⇨ (   )

29 $1\dfrac{3}{20} : 1\dfrac{2}{5}$ ⇨ (   )

24 $\dfrac{7}{12} : \dfrac{5}{6}$ ⇨ (   )

30 $1\dfrac{7}{20} : 1\dfrac{3}{10}$ ⇨ (   )

25 $\dfrac{7}{15} : \dfrac{9}{10}$ ⇨ (   )

31 $1\dfrac{4}{21} : 1\dfrac{1}{6}$ ⇨ (   )

26 $\dfrac{5}{16} : \dfrac{7}{12}$ ⇨ (   )

32 $1\dfrac{2}{21} : 1\dfrac{3}{7}$ ⇨ (   )

③③ $1\frac{1}{23} : 1\frac{1}{3}$ ⇨ (　　　　　　　)

③④ $1\frac{7}{24} : 1\frac{5}{12}$ ⇨ (　　　　　　　)

③⑤ $1\frac{1}{26} : 1\frac{2}{13}$ ⇨ (　　　　　　　)

③⑥ $2\frac{2}{27} : 1\frac{1}{9}$ ⇨ (　　　　　　　)

③⑦ $1\frac{2}{3} : \frac{3}{4}$ ⇨ (　　　　　　　)

③⑧ $\frac{3}{4} : 1\frac{7}{10}$ ⇨ (　　　　　　　)

③⑨ $1\frac{5}{6} : \frac{2}{11}$ ⇨ (　　　　　　　)

④⓪ $\frac{3}{8} : 1\frac{2}{7}$ ⇨ (　　　　　　　)

④① $1\frac{5}{14} : \frac{7}{10}$ ⇨ (　　　　　　　)

④② $\frac{7}{15} : 2\frac{5}{6}$ ⇨ (　　　　　　　)

④③ $2\frac{1}{18} : \frac{3}{8}$ ⇨ (　　　　　　　)

④④ $\frac{5}{21} : 2\frac{2}{7}$ ⇨ (　　　　　　　)

30 소수와 분수의 비를 간단한 자연수의 비로 나타내기

● $0.3 : \dfrac{1}{5}$을 가장 간단한 자연수의 비로 나타내기

방법① 소수를 분수로 바꾸어 가장 간단한 자연수의 비로 나타내기

$$0.3 : \dfrac{1}{5} \rightarrow \dfrac{3}{10} : \dfrac{1}{5}$$
$$\rightarrow \left(\dfrac{3}{10} \times 10\right) : \left(\dfrac{1}{5} \times 10\right)$$
$$\rightarrow 3 : 2$$

방법② 분수를 소수로 바꾸어 가장 간단한 자연수의 비로 나타내기

$$0.3 : \dfrac{1}{5} \rightarrow 0.3 : 0.2$$
$$\rightarrow (0.3 \times 10) : (0.2 \times 10)$$
$$\rightarrow 3 : 2$$

◎ 가장 간단한 자연수의 비로 나타내어 보세요.

① $0.1 : \dfrac{1}{3}$ ⇨ (   )

② $0.2 : \dfrac{1}{7}$ ⇨ (   )

③ $0.5 : \dfrac{2}{7}$ ⇨ (   )

④ $0.9 : \dfrac{1}{2}$ ⇨ (   )

⑤ $0.95 : \dfrac{3}{5}$ ⇨ (   )

⑥ $0.98 : \dfrac{1}{4}$ ⇨ (   )

⑦ $1.15 : \dfrac{2}{3}$ ⇨ (   )

⑧ $1.24 : \dfrac{3}{10}$ ⇨ (   )

9 $\dfrac{1}{2}$: 0.2 ⇨ (   )

15 $\dfrac{7}{8}$: 1.75 ⇨ (   )

10 $\dfrac{2}{5}$: 0.6 ⇨ (   )

16 $\dfrac{5}{9}$: 2.36 ⇨ (   )

11 $\dfrac{5}{6}$: 1.5 ⇨ (   )

17 $1\dfrac{7}{10}$: 1.5 ⇨ (   )

12 $\dfrac{4}{7}$: 1.6 ⇨ (   )

18 $1\dfrac{1}{15}$: 2.4 ⇨ (   )

13 $\dfrac{5}{8}$: 1.55 ⇨ (   )

19 $1\dfrac{1}{20}$: 2.8 ⇨ (   )

14 $\dfrac{4}{9}$: 2.25 ⇨ (   )

20 $1\dfrac{4}{25}$: 3.12 ⇨ (   )

○ 가장 간단한 자연수의 비로 나타내어 보세요.

21 $0.3 : \dfrac{1}{5}$ ⇨ (　　　　　　　)

22 $1.2 : \dfrac{7}{9}$ ⇨ (　　　　　　　)

23 $1.4 : \dfrac{2}{15}$ ⇨ (　　　　　　　)

24 $1.9 : \dfrac{8}{9}$ ⇨ (　　　　　　　)

25 $2.25 : \dfrac{1}{25}$ ⇨ (　　　　　　　)

26 $2.34 : \dfrac{13}{30}$ ⇨ (　　　　　　　)

27 $2.46 : \dfrac{7}{20}$ ⇨ (　　　　　　　)

28 $2.65 : \dfrac{3}{20}$ ⇨ (　　　　　　　)

29 $2.7 : 2\dfrac{5}{6}$ ⇨ (　　　　　　　)

30 $2.9 : 1\dfrac{7}{20}$ ⇨ (　　　　　　　)

31 $3.25 : 1\dfrac{9}{10}$ ⇨ (　　　　　　　)

32 $3.48 : 2\dfrac{4}{25}$ ⇨ (　　　　　　　)

비례식과
비례배분

③③ $\dfrac{3}{4}$: 0.3 ⇨ (   )

③④ $\dfrac{9}{10}$: 0.7 ⇨ (   )

③⑤ $\dfrac{4}{15}$: 1.1 ⇨ (   )

③⑥ $\dfrac{7}{15}$: 2.6 ⇨ (   )

③⑦ $\dfrac{5}{18}$: 1.25 ⇨ (   )

③⑧ $\dfrac{9}{20}$: 2.28 ⇨ (   )

③⑨ $\dfrac{11}{20}$: 2.35 ⇨ (   )

④⓪ $\dfrac{7}{24}$: 2.55 ⇨ (   )

④① $1\dfrac{7}{40}$: 3.2 ⇨ (   )

④② $1\dfrac{2}{45}$: 1.35 ⇨ (   )

④③ $1\dfrac{1}{50}$: 2.04 ⇨ (   )

④④ $2\dfrac{13}{50}$: 3.32 ⇨ (   )

31 비례식

- 비례식: 비율이 같은 두 비를 기호 '='를 사용하여 나타낸 식

비례식에서 바깥쪽에 있는 두 수
외항
2 : 3 = 4 : 6
내항
비례식에서 안쪽에 있는 두 수

○ 주어진 비와 비율이 같은 비를 찾아 비례식을 세워 보세요.

1 | 2 : 6   3 : 1 |

1 : 3 = ☐ : ☐

4 | 16 : 5   24 : 15 |

8 : 5 = ☐ : ☐

2 | 5 : 2   4 : 10 |

2 : 5 = ☐ : ☐

5 | 48 : 52   24 : 17 |

12 : 13 = ☐ : ☐

3 | 14 : 9   14 : 6 |

7 : 3 = ☐ : ☐

6 | 10 : 28   42 : 15 |

14 : 5 = ☐ : ☐

7 19 : 4　　38 : 16　　16 : 38

19 : 8 = ☐ : ☐

8 10 : 8　　5 : 3　　30 : 24

20 : 12 = ☐ : ☐

9 7 : 6　　14 : 6　　42 : 9

21 : 18 = ☐ : ☐

10 11 : 24　　44 : 72　　11 : 12

22 : 24 = ☐ : ☐

11 69 : 33　　23 : 22　　5 : 4

23 : 11 = ☐ : ☐

12 12 : 20　　6 : 5　　10 : 12

24 : 20 = ☐ : ☐

13 1 : 3　　10 : 3　　30 : 12

25 : 75 = ☐ : ☐

14 52 : 25　　13 : 26　　2 : 1

26 : 13 = ☐ : ☐

15 3 : 9　　9 : 3　　1 : 3

27 : 9 = ☐ : ☐

16 7 : 8　　14 : 8　　56 : 8

28 : 16 = ☐ : ☐

17 58 : 17　　29 : 34　　58 : 34

29 : 17 = ☐ : ☐

18 10 : 14　　15 : 14　　3 : 14

30 : 28 = ☐ : ☐

◎ 비율이 같은 두 비를 찾아 비례식을 세워 보세요.

19 　2 : 5　　3 : 4　　6 : 15　　10 : 20

☐ : ☐ = ☐ : ☐

20 　15 : 40　　3 : 8　　6 : 8　　16 : 9

☐ : ☐ = ☐ : ☐

21 　10 : 7　　14 : 20　　40 : 28　　30 : 15

☐ : ☐ = ☐ : ☐

22 　12 : 20　　18 : 15　　6 : 5　　10 : 12

☐ : ☐ = ☐ : ☐

23 　7 : 3　　3 : 4　　22 : 28　　11 : 14

☐ : ☐ = ☐ : ☐

24 　8 : 15　　6 : 15　　3 : 5　　16 : 30

☐ : ☐ = ☐ : ☐

25 　2 : 7　　32 : 24　　8 : 6　　3 : 94

☐ : ☐ = ☐ : ☐

26 　3 : 8　　5 : 9　　27 : 63　　9 : 21
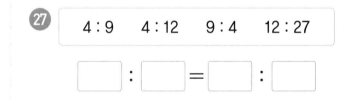

☐ : ☐ = ☐ : ☐

27 　4 : 9　　4 : 12　　9 : 4　　12 : 27
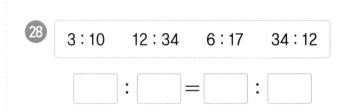

☐ : ☐ = ☐ : ☐

28 　3 : 10　　12 : 34　　6 : 17　　34 : 12
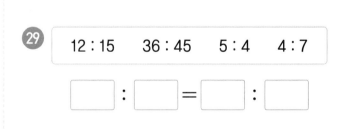

☐ : ☐ = ☐ : ☐

29 　12 : 15　　36 : 45　　5 : 4　　4 : 7

☐ : ☐ = ☐ : ☐

30 　13 : 8　　16 : 26　　39 : 24　　2 : 3
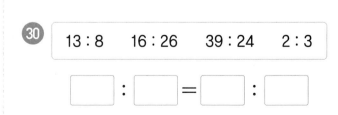

☐ : ☐ = ☐ : ☐

31   42 : 27   5 : 2   14 : 9   1 : 8

☐ : ☐ = ☐ : ☐

37   15 : 7   4 : 7   30 : 14   6 : 9

☐ : ☐ = ☐ : ☐

32   20 : 13   40 : 26   12 : 6   13 : 39

☐ : ☐ = ☐ : ☐

38   6 : 11   3 : 13   21 : 91   63 : 45

☐ : ☐ = ☐ : ☐

33   31 : 12   2 : 7   62 : 24   3 : 5

☐ : ☐ = ☐ : ☐

39   24 : 7   16 : 11   80 : 55   7 : 6

☐ : ☐ = ☐ : ☐

34   18 : 2   10 : 9   17 : 3   51 : 9

☐ : ☐ = ☐ : ☐

40   1 : 3   32 : 19   64 : 38   5 : 4

☐ : ☐ = ☐ : ☐

35   33 : 21   3 : 7   66 : 42   9 : 5

☐ : ☐ = ☐ : ☐

41   36 : 10   2 : 8   7 : 3   18 : 5

☐ : ☐ = ☐ : ☐

36   38 : 16   5 : 3   19 : 8   6 : 7

☐ : ☐ = ☐ : ☐

42   12 : 21   34 : 25   3 : 2   48 : 84

☐ : ☐ = ☐ : ☐

32 비례식의 성질

비례식에서 외항의 곱과 내항의 곱은 같습니다.

$$2 \times 10 = 20$$

$$2 : 5 = 4 : 10$$

$$5 \times 4 = 20$$

○ 비례식의 성질을 이용하여 ☐ 안에 알맞은 수를 써넣으세요.

1 $2 : 3 = 4 : \bullet$

⇨ $2 \times \bullet = 3 \times 4$

$2 \times \bullet = \boxed{}$

$\bullet = \boxed{} \div 2$

$\bullet = \boxed{}$

3 $4 : 3 = \blacklozenge : 15$

⇨ $3 \times \blacklozenge = 4 \times 15$

$3 \times \blacklozenge = \boxed{}$

$\blacklozenge = \boxed{} \div 3$

$\blacklozenge = \boxed{}$

2 $3 : 5 = 9 : \blacksquare$

⇨ $3 \times \blacksquare = 5 \times 9$

$3 \times \blacksquare = \boxed{}$

$\blacksquare = \boxed{} \div 3$

$\blacksquare = \boxed{}$

4 $8 : 5 = \heartsuit : 10$

⇨ $5 \times \heartsuit = 8 \times 10$

$5 \times \heartsuit = \boxed{}$

$\heartsuit = \boxed{} \div 5$

$\heartsuit = \boxed{}$

⑤ 6 : 2 = 12 : ☐

⑫ 13 : 8 = ☐ : 24

⑥ 7 : 9 = 21 : ☐

⑬ 14 : 12 = ☐ : 6

⑦ 8 : 3 = 24 : ☐

⑭ 15 : 12 = ☐ : 4

⑧ 9 : 11 = 45 : ☐

⑮ 16 : 10 = ☐ : 5

⑨ 10 : 8 = 5 : ☐

⑯ 17 : 4 = ☐ : 16

⑩ 11 : 5 = 22 : ☐

⑰ 18 : 15 = ☐ : 5

⑪ 12 : 8 = 3 : ☐

⑱ 20 : 18 = ☐ : 9

비례식의 성질을 이용하여 ☐ 안에 알맞은 수를 써넣으세요.

19 21 : ☐ =7 : 2

20 22 : ☐ =11 : 9

21 28 : ☐ =14 : 8

22 30 : ☐ =10 : 9

23 35 : ☐ =7 : 4

24 36 : ☐ =12 : 8

25 42 : ☐ =7 : 2

26 ☐ : 120=3 : 8

27 ☐ : 15=16 : 5

28 ☐ : 75=2 : 3

29 ☐ : 108=10 : 15

30 ☐ : 72=9 : 8

31 ☐ : 20=45 : 10

32 ☐ : 50=30 : 15

③③ $0.4 : 2.2 = 2 : \boxed{}$

③④ $1.4 : 2.1 = 2 : \boxed{}$

③⑤ $2.5 : 1.5 = \boxed{} : 3$

③⑥ $3.6 : 1.2 = \boxed{} : 1$

③⑦ $7 : \boxed{} = 4.9 : 3.5$

③⑧ $5 : \boxed{} = 2.5 : 4.5$

③⑨ $\boxed{} : 4 = 7.2 : 3.2$

④⓪ $\dfrac{1}{2} : \dfrac{2}{3} = 6 : \boxed{}$

④① $\dfrac{3}{4} : \dfrac{1}{6} = \boxed{} : 4$

④② $\dfrac{2}{5} : 1\dfrac{4}{7} = 14 : \boxed{}$

④③ $\dfrac{3}{5} : \dfrac{1}{3} = \boxed{} : 5$

④④ $5 : \boxed{} = \dfrac{1}{6} : 1\dfrac{2}{5}$

④⑤ $16 : \boxed{} = \dfrac{4}{7} : 1\dfrac{1}{4}$

④⑥ $\boxed{} : 88 = \dfrac{7}{8} : 1\dfrac{2}{9}$

비례배분

• 비례배분 : 전체를 주어진 비로 배분하는 것

　예 8을 1 : 3으로 비례배분하기

$$8 \times \frac{1}{1+3} = 8 \times \frac{1}{4} = 2$$

$$8 \times \frac{3}{1+3} = 8 \times \frac{3}{4} = 6$$

◎ ☐ 안의 수를 주어진 비로 비례배분하려고 합니다. ☐ 안에 알맞은 수를 써넣으세요.

① ☐ 4 ☐　1 : 3

$$\Rightarrow 4 \times \frac{1}{\square + \square} = \square$$

$$4 \times \frac{3}{\square + \square} = \square$$

③ ☐ 9 ☐　2 : 7

$$\Rightarrow 9 \times \frac{2}{\square + \square} = \square$$

$$9 \times \frac{7}{\square + \square} = \square$$

② ☐ 6 ☐　1 : 2

$$\Rightarrow 6 \times \frac{1}{\square + \square} = \square$$

$$6 \times \frac{2}{\square + \square} = \square$$

④ ☐ 10 ☐　2 : 3

$$\Rightarrow 10 \times \frac{2}{\square + \square} = \square$$

$$10 \times \frac{3}{\square + \square} = \square$$

○ ⬭ 안의 수를 주어진 비로 비례배분하여 (,) 안에 써 보세요.

5 7   2 : 5 ⇨ (,   )

6 11   3 : 8 ⇨ (,   )

7 14   4 : 3 ⇨ (,   )

8 15   2 : 3 ⇨ (,   )

9 20   7 : 3 ⇨ (,   )

10 24   3 : 5 ⇨ (,   )

11 30   1 : 5 ⇨ (,   )

12 42   5 : 2 ⇨ (,   )

13 56   5 : 3 ⇨ (,   )

14 63   2 : 7 ⇨ (,   )

15 121   4 : 7 ⇨ (,   )

16 144   11 : 5 ⇨ (,   )

17 169   8 : 5 ⇨ (,   )

18 270   2 : 7 ⇨ (,   )

○ ☐ 안의 수를 주어진 비로 비례배분하여 (,) 안에 써 보세요.

⑲ ☐3☐ 1 : 2 ⇨ (,   )

⑳ ☐16☐ 3 : 5 ⇨ (,   )

㉑ ☐18☐ 8 : 1 ⇨ (,   )

㉒ ☐21☐ 4 : 3 ⇨ (,   )

㉓ ☐36☐ 1 : 5 ⇨ (,   )

㉔ ☐44☐ 9 : 2 ⇨ (,   )

㉕ ☐48☐ 2 : 1 ⇨ (,   )

㉖ ☐60☐ 5 : 7 ⇨ (,   )

㉗ ☐64☐ 1 : 7 ⇨ (,   )

㉘ ☐72☐ 7 : 2 ⇨ (,   )

㉙ ☐81☐ 5 : 4 ⇨ (,   )

㉚ ☐88☐ 2 : 9 ⇨ (,   )

㉛ ☐91☐ 6 : 1 ⇨ (,   )

㉜ ☐105☐ 8 : 7 ⇨ (,   )

○ ◯ 안의 수를 주어진 비로 비례배분하여 (,) 안에 써 보세요.

33 [108] 7 : 2 ⇨ (,)

40 [175] 5 : 2 ⇨ (,)

34 [112] 11 : 17 ⇨ (,)

41 [189] 7 : 2 ⇨ (,)

35 [116] 13 : 16 ⇨ (,)

42 [210] 6 : 1 ⇨ (,)

36 [124] 1 : 3 ⇨ (,)

43 [245] 3 : 2 ⇨ (,)

37 [130] 4 : 1 ⇨ (,)

44 [275] 12 : 13 ⇨ (,)

38 [145] 2 : 3 ⇨ (,)

45 [285] 7 : 8 ⇨ (,)

39 [168] 3 : 5 ⇨ (,)

46 [288] 5 : 11 ⇨ (,)

계산 Plus+

비례식과 비례배분

◎ 가장 간단한 자연수의 비로 나타내어 빈칸에 알맞게 써넣으세요.

①
25 : 15

②
48 : 36

③
2.6 : 1.2

④
0.32 : 3.14

⑤
$\frac{3}{8} : \frac{11}{15}$

⑥
$1\frac{9}{20} : \frac{6}{25}$

⑦
$1.26 : \frac{11}{15}$

⑧
$1\frac{9}{25} : 3.6$

○ 수를 주어진 비로 비례배분하여 빈칸에 알맞게 써넣으세요.

9

22

| 3 : 8 | | 9 : 2 |

| | | |

└ 22를 3 : 8로 비례배분한
두 수를 구해요.

12

84

| 5 : 2 | | 3 : 4 |

| | | |

10

32

| 1 : 7 | | 5 : 3 |

| | | |

13

120

| 3 : 9 | | 5 : 7 |

| | | |

11

68

| 8 : 9 | | 13 : 4 |

| | | |

14

126

| 7 : 2 | | 4 : 5 |

| | | |

○ 비율이 같은 비를 찾아 선으로 이어 보세요.

7 : 12

16 : 19

38 : 24

184 : 48

235 : 75

32 : 38

35 : 60

47 : 15

23 : 6

19 : 12

◎ 기차에 적혀 있는 두 비의 비율은 같습니다. ★은 얼마인지 비례식을 세워 답을 구해 보세요.

$$\boxed{} : \boxed{} = \boxed{} : ★$$

$$★ = \boxed{}$$

$$\boxed{} : \boxed{} = ★ : \boxed{}$$

$$★ = \boxed{}$$

35 비례식과 비례배분 평가

○ 비의 성질을 이용하여 비율이 같은 비를 만들어 보세요.

1

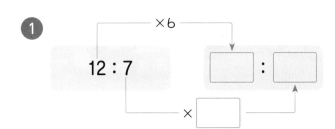

×6

12 : 7   ☐ : ☐

× ☐

2

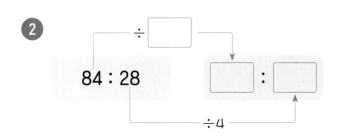

÷ ☐

84 : 28   ☐ : ☐

÷4

○ 주어진 비와 비율이 같은 비를 찾아 비례식을 세워 보세요.

3

| 5 : 16 | 25 : 40 | 15 : 16 |

5 : 8 = ☐ : ☐

4

| 16 : 12 | 3 : 4 | 8 : 7 |

32 : 24 = ☐ : ☐

○ 가장 간단한 자연수의 비로 나타내어 보세요.

5 21 : 24 ⇨ (   )

6 65 : 45 ⇨ (   )

7 72 : 15 ⇨ (   )

8 0.7 : 3.5 ⇨ (   )

9 1.72 : 1.26 ⇨ (   )

⑩ $2.85 : 1.8 \Rightarrow$ (　　　　　)

⑪ $\dfrac{3}{8} : \dfrac{4}{5} \Rightarrow$ (　　　　　)

⑫ $1\dfrac{3}{7} : 2\dfrac{1}{3} \Rightarrow$ (　　　　　)

⑬ $2\dfrac{9}{20} : \dfrac{3}{4} \Rightarrow$ (　　　　　)

⑭ $0.45 : \dfrac{5}{6} \Rightarrow$ (　　　　　)

⑮ $\dfrac{1}{5} : 1.2 \Rightarrow$ (　　　　　)

⑯ $1\dfrac{2}{15} : 2.4 \Rightarrow$ (　　　　　)

◎ 비례식의 성질을 이용하여 ☐ 안에 알맞은 수를 써넣으세요.

⑰ $26 : 10 = \boxed{} : 5$

⑱ $\boxed{} : 27 = \dfrac{2}{9} : \dfrac{6}{7}$

◎ ☐ 안의 수를 주어진 비로 비례배분하여 (,) 안에 써 보세요.

⑲ $\boxed{25}$

　$3 : 2 \Rightarrow$ (　　　,　　　)

⑳ $\boxed{108}$

　$7 : 5 \Rightarrow$ (　　　,　　　)

4

원의 둘레와 넓이를 구하는 방법을 알고
이를 구하는 훈련이 중요한

원의 둘레와 넓이

원주 구하기

- 원주: 원의 둘레
- 원주율: 원의 지름에 대한 원주의 비율

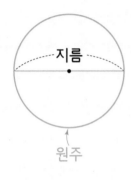

> **(원주율)＝(원주)÷(지름)**

원주율을 소수로 나타내면 3.1415926535897932……와 같이 끝없이 계속됩니다.
따라서 필요에 따라 **3**, **3.1**, **3.14** 등으로 어림하여 사용하기도 합니다.

⑩ **지름이 3 cm인 원의 원주 구하기 (원주율: 3.14)**

(원주)＝(지름)×(원주율)
＝3×3.14
＝9.42(cm)

○ 원주는 몇 cm인지 구해 보세요. (원주율: 3)

1 　（　　　　　　）

3 　（　　　　　　）

2 　（　　　　　　）

4 　（　　　　　　）

● 원주는 몇 cm인지 구해 보세요. (원주율: 3.1)

⑤ 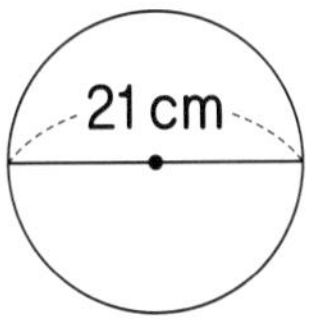 21 cm
( )

⑩ 23 cm
( )

⑥ 24 cm
( )

⑪ 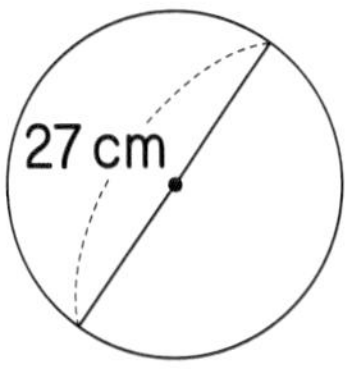 27 cm
( )

⑦ 31 cm
( )

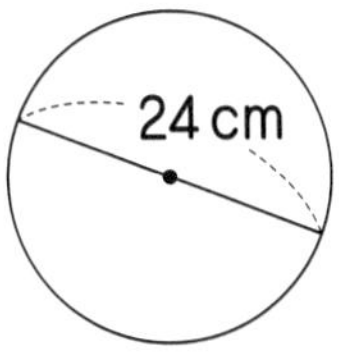

⑫ 33 cm
( )

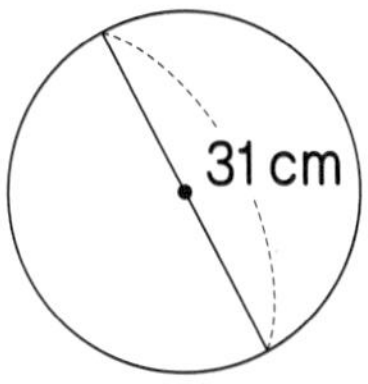

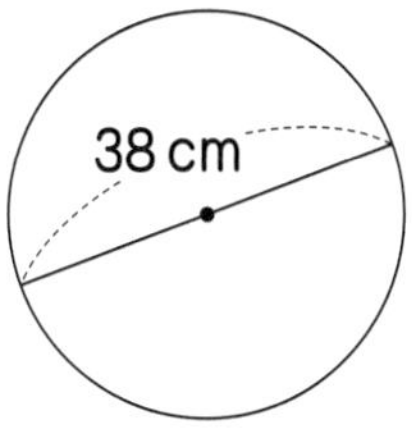

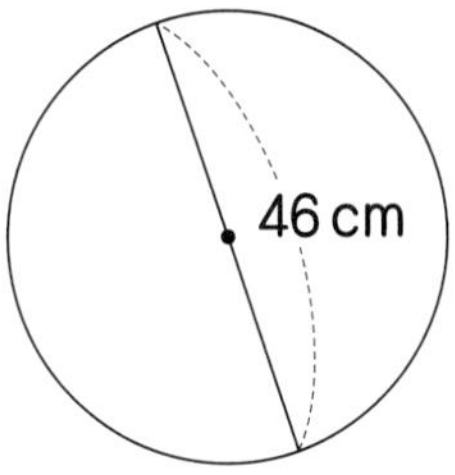

⑧ 38 cm
( )

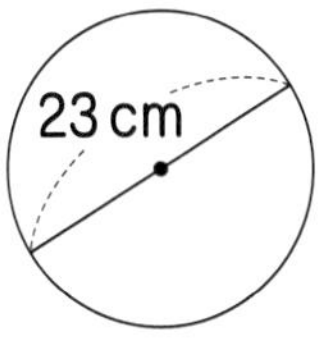

⑬ 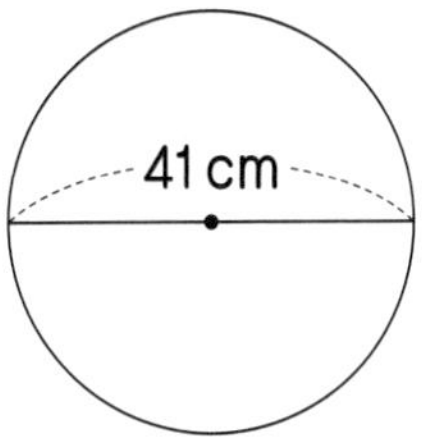 41 cm
( )

⑨ 46 cm
( )

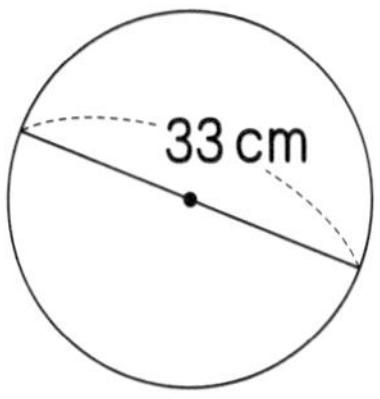

⑭ 50 cm
( )

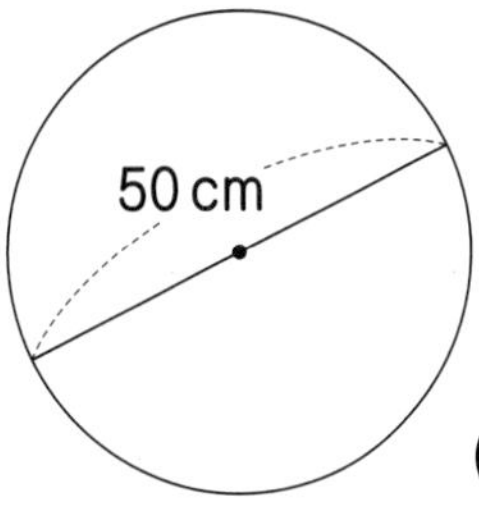

○ 원주는 몇 cm인지 구해 보세요. (원주율: 3.1)

⑮ 2 cm

(   )

⑯ 5 cm

(   )

⑰ 7 cm

(   )

⑱ 9 cm

(   )

⑲ 13 cm

(   )

⑳ 4 cm

(   )

㉑ 6 cm

(   )

㉒ 8 cm

(   )

㉓ 10 cm

(   )

㉔ 15 cm

(   )

◉ 원주는 몇 cm인지 구해 보세요. (원주율: 3.14)

25 3 cm

(   )

29 11 cm

(   )

26 12 cm

(   )

30 14 cm

(   )

27 18 cm

(   )

31 21 cm

(   )

28 25 cm

(   )

32 28 cm

(   )

원주를 이용하여 지름 또는 반지름 구하기

○ **원주가 6.28 cm인 원의 지름 또는 반지름 구하기 (원주율: 3.14)**

> (지름)＝(원주)÷(원주율)　　　(반지름)＝(원주)÷(원주율)÷2

(지름)＝(원주)÷(원주율)
＝6.28÷3.14
＝2(cm)

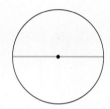

원주: 6.28 cm

(반지름)＝(원주)÷(원주율)÷2
＝6.28÷3.14÷2
＝1(cm)

○ 원의 지름은 몇 cm인지 구해 보세요. (원주율: 3)

1 　　원주: 9 cm

(　　　　　　　)

2 　　원주: 18 cm

(　　　　　　　)

3 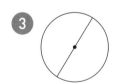　　원주: 24 cm

(　　　　　　　)

4 　　원주: 12 cm

(　　　　　　　)

5 　　원주: 21 cm

(　　　　　　　)

6 　　원주: 36 cm

(　　　　　　　)

● 원의 지름은 몇 cm인지 구해 보세요. (원주율: 3.1)

7   원주: 68.2 cm

(   )

8   원주: 86.8 cm

(   )

9   원주: 99.2 cm

(   )

10   원주: 111.6 cm

(   )

11   원주: 139.5 cm

(   )

12   원주: 77.5 cm

(   )

13   원주: 89.9 cm

(   )

14   원주: 105.4 cm

(   )

15   원주: 114.7 cm

(   )

16   원주: 148.8 cm

(   )

○ **원의 반지름은 몇 cm인지 구해 보세요. (원주율: 3.1)**

(반지름)＝(원주)÷(원주율)÷2

17 원주: 18.6 cm

( )

18 원주: 37.2 cm

( )

19 원주: 43.4 cm

( )

20 원주: 74.4 cm

( )

21 원주: 148.8 cm

( )

22 원주: 24.8 cm

( )

23 원주: 31 cm

( )

24 원주: 49.6 cm

( )

25 원주: 80.6 cm

( )

26 원주: 161.2 cm

( )

○ 원의 반지름은 몇 cm인지 구해 보세요. (원주율: 3.14)

27
원주: 119.32 cm
(   )

31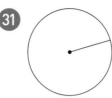
원주: 125.6 cm
(   )

28
원주: 138.16 cm
(   )

32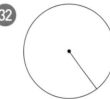
원주: 150.72 cm
(   )

29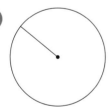
원주: 163.28 cm
(   )

33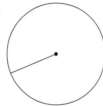
원주: 169.56 cm
(   )

30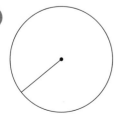
원주: 182.12 cm
(   )

34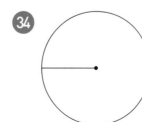
원주: 194.68 cm
(   )

38 원의 넓이 구하기

(원의 넓이)＝(반지름)×(반지름)×(원주율)

예 반지름이 4 cm인 원의 넓이 구하기 (원주율: 3.14)

(원의 넓이)＝(반지름)×(반지름)×(원주율)
  ＝4×4×3.14
  ＝50.24(cm²)

○ 원의 넓이는 몇 cm²인지 구해 보세요. (원주율: 3)

1 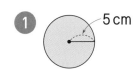 5 cm

(   )

4  7 cm

(   )

2 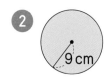 9 cm

(   )

5 11 cm

(   )

3 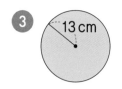 13 cm

(   )

6 15 cm

(   )

● **원의 넓이는 몇 cm²인지 구해 보세요. (원주율: 3.1)**

⑦ 2 cm

(   )

⑧ 6 cm

(   )

⑨ 16 cm

(   )

⑩ 21 cm

(   )

⑪ 27 cm

(   )

⑫ 3 cm

(   )

⑬ 12 cm

(   )

⑭ 18 cm

(   )

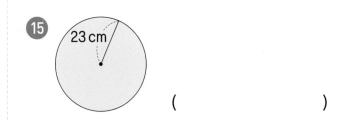

⑮ 23 cm

(   )

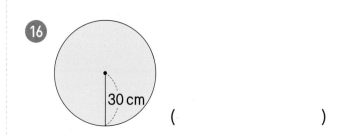

⑯ 30 cm

(   )

● 원의 넓이는 몇 cm²인지 구해 보세요. (원주율: 3.1)

17   8 cm   (   )

22   10 cm   (   )

18   14 cm   (   )

23   12 cm   (   )

19   18 cm   (   )

24   20 cm   (   )

20   22 cm   (   )

25   26 cm   (   )

21   28 cm   (   )

26   30 cm   (   )

○ 원의 넓이는 몇 cm²인지 구해 보세요. (원주율: 3.14)

27 4 cm

(   )

31 6 cm

(   )

28 16 cm

(   )

32 24 cm

(   )

29 32 cm

(   )

33 34 cm

(   )

30 40 cm

(   )

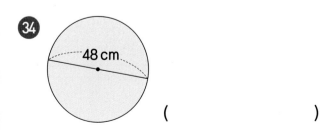

34 48 cm

(   )

계산 Plus+

원주, 지름(반지름), 원의 넓이 구하기

○ 원주율, 지름(반지름), 원주의 관계를 이용하여 빈칸에 알맞은 수를 써넣으세요.

1

원주율	지름(cm)	원주(cm)
3	9	
3	12	

4

원주율	지름(cm)	원주(cm)
3		114
3		123

2

원주율	지름(cm)	원주(cm)
3.14	14	
3.14	17	

5

원주율	지름(cm)	원주(cm)
3.1		55.8
3.1		68.2

3

원주율	반지름(cm)	원주(cm)
3.1	5	
3.1	8	

6

원주율	반지름(cm)	원주(cm)
3.14		125.6
3.14		131.88

○ 원의 넓이는 몇 cm²인지 구해 보세요.

7

원주율	반지름(cm)	원의 넓이(cm²)
3	4	
3	7	

11

원주율	지름(cm)	원의 넓이(cm²)
3.14	20	
3.14	24	

8

원주율	반지름(cm)	원의 넓이(cm²)
3.1	6	
3.1	8	

12

원주율	지름(cm)	원의 넓이(cm²)
3	28	
3	32	

9

원주율	반지름(cm)	원의 넓이(cm²)
3.14	9	
3.14	11	

13

원주율	지름(cm)	원의 넓이(cm²)
3.1	34	
3.1	38	

10

원주율	반지름(cm)	원의 넓이(cm²)
3.1	13	
3.1	15	

14

원주율	지름(cm)	원의 넓이(cm²)
3.14	36	
3.14	42	

지우는 갈림길에서 만나는 원의 둘레를 따라가면 집에 갈 수 있습니다.
지우가 집에 가는 길을 그려 보세요. (원주율: 3.1)

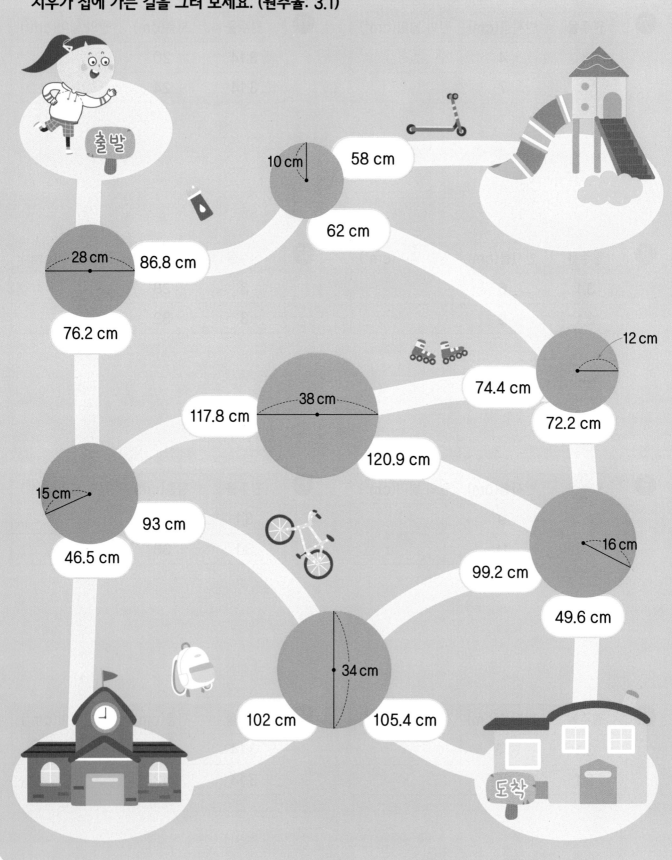

◯ 다정이네 가족들이 원 모양의 연을 날리고 있습니다.
　표에서 각 원의 넓이를 찾아 원에 있는 글자를 써넣어 속담을 완성해 보세요. (원주율: 3)

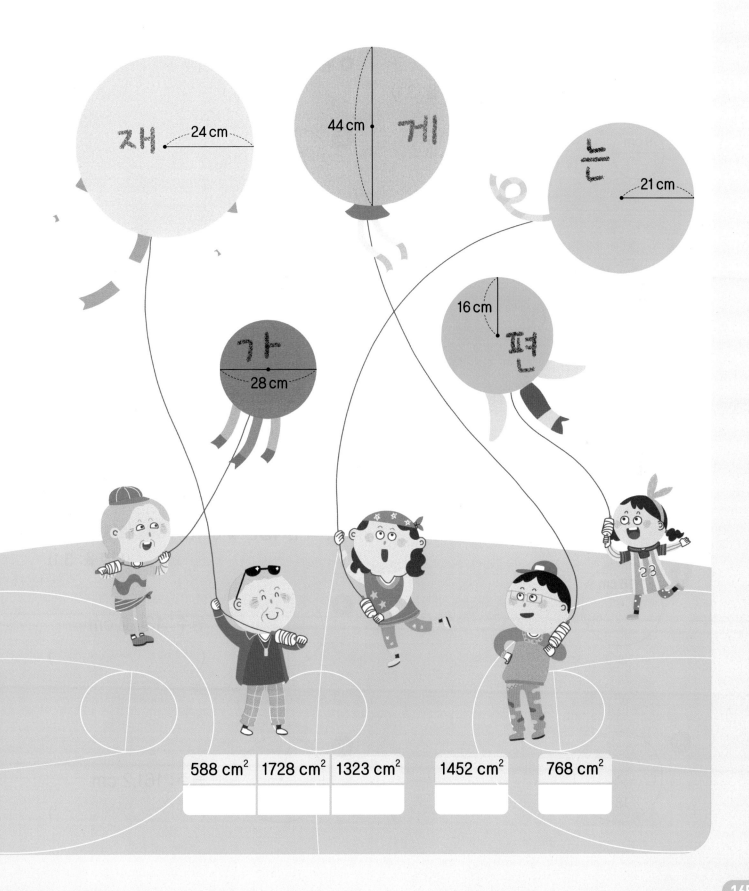

588 cm²	1728 cm²	1323 cm²		1452 cm²		768 cm²

원의 둘레와 넓이 평가

◯ 원주는 몇 cm인지 구해 보세요.

(원주율: 3.1)

1
9 cm

(   )

2
10 cm

(   )

3
14 cm

(   )

4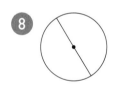
16 cm

(   )

5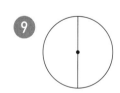
18 cm

(   )

◯ 원의 지름은 몇 cm인지 구해 보세요.

(원주율: 3.14)

6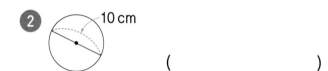
원주: 15.7 cm

(   )

7
원주: 21.98 cm

(   )

8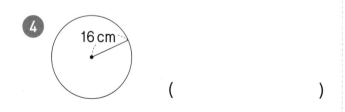
원주: 56.52 cm

(   )

◯ 원의 반지름은 몇 cm인지 구해 보세요.

(원주율: 3.1)

9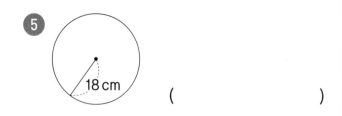
원주: 130.2 cm

(   )

10
원주: 161.2 cm

(   )

● 원의 넓이는 몇 cm²인지 구해 보세요.

(원주율: 3)

⑪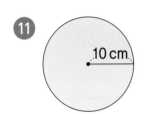

(   )

⑫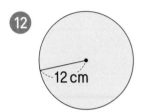

(   )

⑬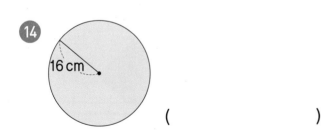

(   )

⑭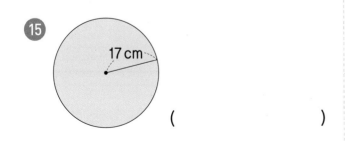

(   )

⑮

(   )

● 원의 넓이는 몇 cm²인지 구해 보세요.

(원주율: 3.14)

⑯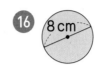

(   )

⑰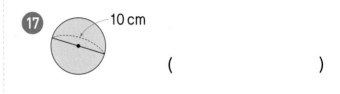

(   )

⑱

(   )

⑲

(   )

⑳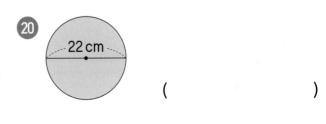

(   )

실력평가

● 계산해 보세요. [① ~ ⑫]

① $\dfrac{4}{5} \div \dfrac{1}{5} =$

② $\dfrac{2}{7} \div \dfrac{5}{7} =$

③ $\dfrac{2}{7} \div \dfrac{3}{8} =$

④ $3 \div \dfrac{1}{4} =$

⑤ $1\dfrac{3}{4} \div \dfrac{5}{7} =$

⑥ $2\dfrac{1}{3} \div 1\dfrac{3}{5} =$

⑦ $8.4 \div 0.6 =$

⑧ $14.4 \div 1.2 =$

⑨ $3.24 \div 0.81 =$

⑩ $6.93 \div 2.1 =$

⑪ $8 \div 1.6 =$

⑫ $9 \div 0.25 =$

○ 비의 성질을 이용하여 비율이 같은 비를 만들어 보세요. [⑬~⑭]

⑬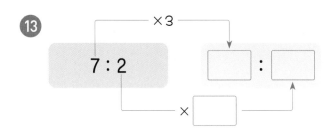

⑭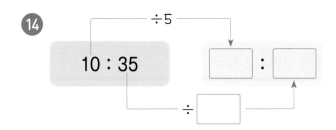

○ 가장 간단한 자연수의 비로 나타내어 보세요.

[⑮~⑯]

⑮ 8 : 4 ⇨ (   )

⑯ 1.7 : 0.4 ⇨ (   )

⑰ 주어진 비와 비율이 같은 비를 찾아 비례식을 세워 보세요.

| 9 : 4   8 : 3   4 : 7 |

36 : 16 = ☐ : ☐

⑱ ☐ 안의 수를 주어진 비로 비례배분하여 (,) 안에 써 보세요.

| 24 | 5 : 3 ⇨ (,   )

○ 빈칸에 알맞은 수를 써넣으세요. [⑲~⑳]

⑲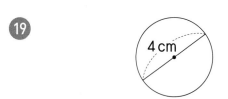

원주율	지름(cm)	원주(cm)
3.1	4	

⑳

5 cm

원주율	반지름(cm)	넓이(cm²)
3.14	5	

○ **계산해 보세요. [1~10]**

1 $\dfrac{6}{7} \div \dfrac{3}{7} =$

2 $\dfrac{7}{8} \div \dfrac{5}{8} =$

3 $\dfrac{9}{11} \div \dfrac{2}{5} =$

4 $7 \div \dfrac{3}{5} =$

5 $\dfrac{8}{5} \div \dfrac{1}{4} =$

6 $2\dfrac{4}{7} \div \dfrac{3}{14} =$

7 $2\dfrac{7}{9} \div 1\dfrac{2}{3} =$

8 $18.72 \div 1.44 =$

9 $22.05 \div 6.3 =$

10 $27 \div 4.5 =$

○ **나눗셈의 몫을 반올림하여 주어진 자리까지 나타내어 보세요. [11~12]**

11 $5 \div 3$

⇨ 일의 자리 (　　　　　　　)

12 $7.3 \div 11$

⇨ 소수 첫째 자리 (　　　　　　　)

◎ 비의 성질을 이용하여 비율이 같은 비를 만들어 보세요. [⑬~⑭]

⑬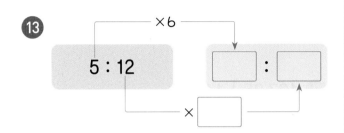

⑭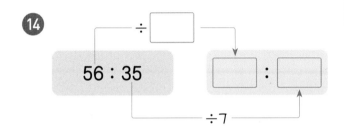

◎ 가장 간단한 자연수의 비로 나타내어 보세요. [⑮~⑯]

⑮ 0.36 : 0.15 ⇨ (   )

⑯ $1\frac{2}{3} : 1\frac{1}{9}$ ⇨ (   )

⑰ 비례식의 성질을 이용하여 ☐ 안에 알맞은 수를 써넣으세요.

$$2 : 3 = 6 : \boxed{}$$

⑱ ☐ 안의 수를 주어진 비로 비례배분하여 (,) 안에 써 보세요.

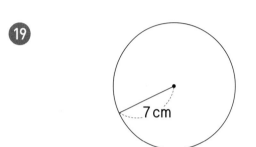

57   7 : 12 ⇨ (,   )

◎ 빈칸에 알맞은 수를 써넣으세요. [⑲~⑳]

⑲

7 cm

원주율	반지름(cm)	원주(cm)
3.1	7	

⑳

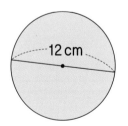

12 cm

원주율	지름(cm)	넓이(cm²)
3.14	12	

◯ 계산해 보세요. [1 ~ 10]

1 $\dfrac{8}{11} \div \dfrac{2}{11} =$

2 $\dfrac{15}{16} \div \dfrac{9}{16} =$

3 $\dfrac{10}{21} \div \dfrac{5}{6} =$

4 $8 \div \dfrac{6}{7} =$

5 $\dfrac{25}{6} \div \dfrac{5}{12} =$

6 $2\dfrac{5}{8} \div \dfrac{7}{10} =$

7 $3\dfrac{3}{4} \div 4\dfrac{1}{2} =$

8 $20.16 \div 1.44 =$

9 $107.25 \div 14.3 =$

10 $168 \div 2.24 =$

◯ 나눗셈의 몫을 자연수 부분까지 구하고 남는 수를 구해 보세요. [11 ~ 12]

11 | $10.7 \div 3$ |

   몫 (   )
   남는 수 (   )

12 | $42.6 \div 4$ |

   몫 (   )
   남는 수 (   )

◐ 비의 성질을 이용하여 비율이 같은 비를 만들어 보세요. [⑬ ~ ⑭]

⑬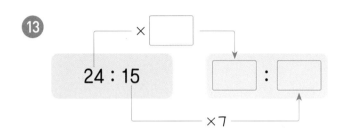

⑭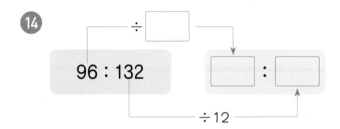

◐ 가장 간단한 자연수의 비로 나타내어 보세요. [⑮ ~ ⑯]

⑮ 52 : 39 ⇨ ( )

⑯ $1.5 : 1\frac{2}{7}$ ⇨ ( )

⑰ 비례식의 성질을 이용하여 ☐ 안에 알맞은 수를 써넣으세요.

☐ : 15 = 5 : 3

⑱ ☐ 안의 수를 주어진 비로 비례배분하여 (,) 안에 써 보세요.

68   11 : 6 ⇨ (,)

◐ 빈칸에 알맞은 수를 써넣으세요. [⑲ ~ ⑳]

⑲

원주율	지름(cm)	원주(cm)
3.1		46.5

⑳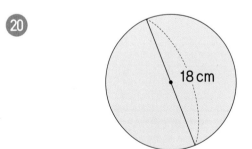

18 cm

원주율	반지름(cm)	넓이(cm²)
3.14		

memo

정답
QR 코드

완자

공부력

정답

계
산

×

초등 수학

6 B

6학년

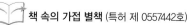

책 속의 가접 별책 (특허 제 0557442호)

'정답'은 본책에서 쉽게 분리할 수 있도록 제작되었으므로
유통 과정에서 분리될 수 있으나 파본이 아닌 정상 제품입니다.

visang

완자

공부력

초등 수학
계산 6B

· · · ·

정답

완자 **공부력** 가이드

완자 공부력 시리즈는
앞으로도 계속 출간될 예정입니다.

**국어
맞춤법
바로 쓰기**
1~2학년용
4책

쓰기력

**전과목
어휘**
1~6학년용
12책

**전과목
한자
어휘**
1~6학년용
12책

**영어
파닉스**
1~2학년용
2책

**영어
영단어**
3~6학년용
8책

어휘력

**국어
독해**
1~6학년용
12책

**한국사
독해**
인물편
3~6학년용
4책

**한국사
독해**
시대편
3~6학년용
4책

독해력

**수학
계산**
1~6학년용
12책

계산력

완자 공부력 시리즈로 공부 근육을 키워요!

매일 성장하는
초등 자기개발서
ⓦ 완자
공부력

학습의 기초가 되는 읽기, 쓰기, 셈하기와 관련된
공부력을 키워야 여러 교과를 터득하기 쉬워집니다.
또한 어휘력과 독해력, 쓰기력, 계산력을 바탕으로 한
'공부력'은 자기주도 학습으로 상당한 단계까지 올라갈 수
있는 밑바탕이 되어 줍니다. 그래서 매일 꾸준한 학습이
가능한 '**완자 공부력 시리즈**'로 공부하면 **자기주도학습이**
가능한 튼튼한 공부 근육을 키울 수 있을 것이라 확신합니다.

효과적인 공부력 강화 계획을 세워요!

○ 학년별 공부 계획
내 학년에 맞게 꾸준하게 공부 계획을 세워요!

		1-2학년	3-4학년	5-6학년
기본	독해	국어 독해 1A 1B 2A 2B	국어 독해 3A 3B 4A 4B	국어 독해 5A 5B 6A 6B
	계산	수학 계산 1A 1B 2A 2B	수학 계산 3A 3B 4A 4B	수학 계산 5A 5B 6A 6B
	어휘	전과목 어휘 1A 1B 2A 2B	전과목 어휘 3A 3B 4A 4B	전과목 어휘 5A 5B 6A 6B
		파닉스 1 2	영단어 3A 3B 4A 4B	영단어 5A 5B 6A 6B
확장	어휘	전과목 한자 어휘 1A 1B 2A 2B	전과목 한자 어휘 3A 3B 4A 4B	전과목 한자 어휘 5A 5B 6A 6B
	쓰기	맞춤법 바로 쓰기 1A 1B 2A 2B		
	독해		한국사 독해 인물편 1 2 3 4 한국사 독해 시대편 1 2 3 4	

○ 시기별 공부 계획

학기 중에는 **기본**, 방학 중에는 **기본 + 확장**으로 공부 계획을 세워요!

방학 중			
학기 중			
기본			확장
독해	계산	어휘	어휘, 쓰기, 독해
국어 독해	수학 계산	전과목 어휘	전과목 한자 어휘
		파닉스(1~2학년) 영단어(3~6학년)	맞춤법 바로 쓰기(1~2학년) 한국사 독해(3~6학년)

예시 초1 학기 중 공부 계획표 주 5일 하루 3과목 (45분)

월	화	수	목	금
국어 독해	국어 독해	국어 독해	국어 독해	국어 독해
수학 계산	수학 계산	수학 계산	수학 계산	수학 계산
전과목 어휘	파닉스	전과목 어휘	전과목 어휘	파닉스

예시 초4 방학 중 공부 계획표 주 5일 하루 4과목 (60분)

월	화	수	목	금
국어 독해	국어 독해	국어 독해	국어 독해	국어 독해
수학 계산	수학 계산	수학 계산	수학 계산	수학 계산
전과목 어휘	영단어	전과목 어휘	전과목 어휘	영단어
한국사 독해 인물편	전과목 한자 어휘	한국사 독해 인물편	전과목 한자 어휘	한국사 독해 인물편

1 분수의 나눗셈

01 분자끼리 나누어떨어지는 분모가 같은 (진분수)÷(진분수)

10쪽

❶ 2	❺ 4	❾ 7
❷ 3	❻ 3	❿ 5
❸ 4	❼ 3	⓫ 2
❹ 6	❽ 2	⓬ 8

11쪽

⓭ 2	⓴ 2	㉗ 4
⓮ 3	㉑ 5	㉘ 4
⓯ 3	㉒ 3	㉙ 4
⓰ 6	㉓ 9	㉚ 12
⓱ 7	㉔ 5	㉛ 3
⓲ 9	㉕ 2	㉜ 5
⓳ 11	㉖ 14	㉝ 3

12쪽

㉞ 7	㊶ 9	㊽ 4
㉟ 8	㊷ 13	㊾ 7
㊱ 2	㊸ 10	㊿ 6
㊲ 4	㊹ 5	�51 2
㊳ 14	㊺ 3	�52 5
㊴ 3	㊻ 2	㊼ 2
㊵ 17	㊼ 4	�54 3

13쪽

�55 2	㊷ 3	㊾ 13
�56 2	㊸ 3	㊴ 2
�57 10	㊹ 7	㊶ 8
㊸ 7	㊺ 12	㊹ 2
㊾ 11	㊻ 2	㊼ 2
㊴ 2	㊽ 6	㊾ 19
㊶ 17	㊸ 3	㊹ 4

02 분자끼리 나누어떨어지지 않는 분모가 같은 (진분수)÷(진분수)

14쪽

❗ 계산 결과를 기약분수 또는 대분수로 나타내지 않아도 정답으로 인정합니다.

❶ $\frac{1}{2}$	❺ $\frac{3}{7}$	❾ $3\frac{2}{3}$
❷ $\frac{1}{3}$	❻ $\frac{5}{8}$	❿ $1\frac{2}{11}$
❸ $\frac{1}{5}$	❼ $\frac{7}{9}$	⓫ $1\frac{3}{4}$
❹ $\frac{1}{6}$	❽ $\frac{3}{10}$	⓬ $2\frac{2}{3}$

15쪽

⓭ $2\frac{1}{2}$	⓴ $\frac{4}{5}$	㉗ $2\frac{1}{4}$
⓮ $1\frac{3}{5}$	㉑ $\frac{5}{12}$	㉘ $1\frac{3}{4}$
⓯ $2\frac{1}{8}$	㉒ $\frac{4}{9}$	㉙ $2\frac{2}{3}$
⓰ $\frac{3}{4}$	㉓ $\frac{10}{13}$	㉚ $1\frac{4}{13}$
⓱ $\frac{3}{5}$	㉔ $\frac{7}{8}$	㉛ $1\frac{3}{4}$
⓲ $\frac{6}{7}$	㉕ $1\frac{1}{2}$	㉜ $1\frac{1}{4}$
⓳ $\frac{1}{8}$	㉖ $6\frac{1}{2}$	㉝ $1\frac{2}{3}$

16쪽 ❗계산 결과를 기약분수 또는 대분수로 나타내지 않아도 정답으로 인정합니다.

㉞ $\frac{1}{7}$
㉟ $\frac{4}{5}$
㊱ $2\frac{1}{3}$
㊲ $\frac{1}{8}$
㊳ $1\frac{4}{7}$
㊴ $\frac{9}{11}$
㊵ $\frac{1}{13}$
㊶ $\frac{6}{7}$
㊷ $\frac{1}{9}$
㊸ $\frac{1}{7}$
㊹ $\frac{4}{7}$
㊺ $\frac{1}{11}$
㊻ $1\frac{5}{8}$
㊼ $\frac{2}{9}$
㊽ $5\frac{1}{2}$
㊾ $3\frac{2}{5}$
㊿ $\frac{2}{3}$
51 $\frac{1}{15}$
52 $1\frac{12}{13}$
53 $4\frac{3}{4}$
54 $1\frac{7}{8}$

17쪽

55 $3\frac{4}{5}$
56 $\frac{12}{13}$
57 $\frac{9}{10}$
58 $\frac{13}{14}$
59 $\frac{7}{11}$
60 $2\frac{5}{6}$
61 $\frac{11}{17}$
62 $\frac{2}{3}$
63 $\frac{7}{8}$
64 $2\frac{1}{2}$
65 $1\frac{8}{9}$
66 $2\frac{3}{5}$
67 $2\frac{2}{5}$
68 $1\frac{3}{7}$
69 $1\frac{5}{16}$
70 $1\frac{3}{8}$
71 $2\frac{7}{9}$
72 $2\frac{3}{4}$
73 $2\frac{1}{2}$
74 $1\frac{4}{9}$
75 $3\frac{5}{6}$

03 계산 Plus+ 분모가 같은 (진분수)÷(진분수)

18쪽 ❗계산 결과를 기약분수 또는 대분수로 나타내지 않아도 정답으로 인정합니다.

❶ 2
❷ 3
❸ 3
❹ 6
❺ $\frac{1}{3}$
❻ $\frac{3}{5}$
❼ $2\frac{1}{4}$
❽ $\frac{2}{3}$

19쪽

❾ 2
❿ 5
⓫ 7
⓬ $2\frac{2}{3}$
⓭ $\frac{9}{22}$
⓮ $\frac{11}{13}$

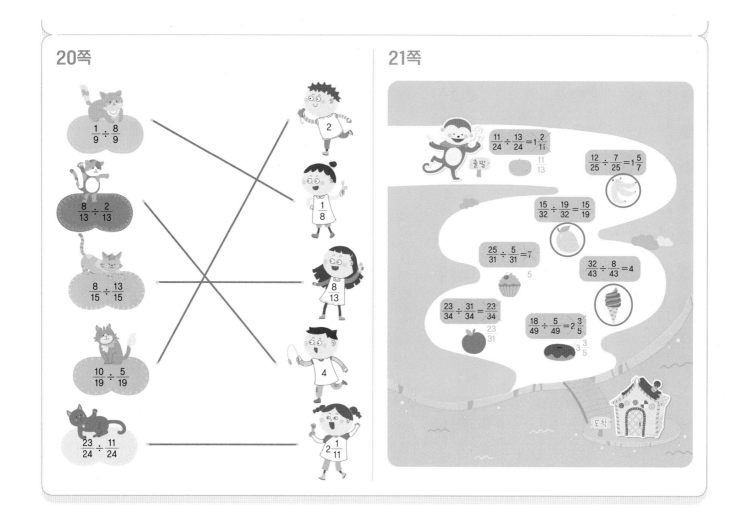

20쪽

$\frac{1}{9} \div \frac{8}{9}$

$\frac{8}{13} \div \frac{2}{13}$

$\frac{8}{15} \div \frac{13}{15}$

$\frac{10}{19} \div \frac{5}{19}$

$\frac{23}{24} \div \frac{11}{24}$

2

$\frac{1}{8}$

$\frac{8}{13}$

4

$2\frac{1}{11}$

21쪽

$\frac{11}{24} \div \frac{13}{24} = 1\frac{2}{11}$ 출발 $\frac{11}{13}$

$\frac{12}{25} \div \frac{7}{25} = 1\frac{5}{7}$

$\frac{15}{32} \div \frac{19}{32} = \frac{15}{19}$

$\frac{25}{31} \div \frac{5}{31} = 7$ 5

$\frac{32}{43} \div \frac{8}{43} = 4$

$\frac{23}{34} \div \frac{31}{34} = \frac{23}{34}$ $\frac{23}{31}$

$\frac{18}{49} \div \frac{5}{49} = 2\frac{3}{5}$ $3\frac{3}{5}$

도착

○4 분모가 다른 (진분수)÷(진분수)

22쪽 ❶ 계산 결과를 기약분수 또는 대분수로 나타내지 않아도 정답으로 인정합니다.

❶ $\dfrac{2}{3}$
❷ $\dfrac{10}{21}$
❸ $\dfrac{21}{32}$
❹ $\dfrac{27}{40}$

❺ $\dfrac{15}{44}$
❻ $\dfrac{42}{65}$
❼ 8
❽ 5

❾ 12
❿ 3
⓫ 6
⓬ 2

23쪽

⓭ $2\dfrac{2}{63}$
⓮ $1\dfrac{10}{23}$
⓯ $1\dfrac{5}{72}$
⓰ $1\dfrac{2}{25}$
⓱ $4\dfrac{17}{52}$
⓲ $1\dfrac{31}{81}$
⓳ $2\dfrac{41}{42}$

⓴ $\dfrac{28}{87}$
㉑ $\dfrac{11}{20}$
㉒ $1\dfrac{23}{31}$
㉓ $\dfrac{7}{8}$
㉔ $\dfrac{5}{22}$
㉕ $\dfrac{13}{68}$
㉖ $\dfrac{5}{14}$

㉗ $1\dfrac{13}{21}$
㉘ $1\dfrac{7}{25}$
㉙ $2\dfrac{19}{63}$
㉚ $1\dfrac{14}{37}$
㉛ $1\dfrac{11}{19}$
㉜ $2\dfrac{3}{26}$
㉝ $1\dfrac{59}{60}$

24쪽

㉞ $\dfrac{7}{36}$
㉟ $\dfrac{18}{35}$
㊱ 12
㊲ $\dfrac{15}{16}$
㊳ $2\dfrac{13}{18}$
㊴ $1\dfrac{1}{63}$
㊵ $\dfrac{2}{5}$

㊶ $1\dfrac{13}{36}$
㊷ $1\dfrac{29}{48}$
㊸ 4
㊹ $1\dfrac{29}{70}$
㊺ $1\dfrac{3}{49}$
㊻ $1\dfrac{1}{3}$
㊼ 4

㊽ $1\dfrac{1}{2}$
㊾ 6
㊿ $\dfrac{3}{17}$
51 $1\dfrac{5}{17}$
52 $1\dfrac{17}{18}$
53 $1\dfrac{7}{10}$
54 $\dfrac{14}{19}$

25쪽

55 $\dfrac{18}{19}$
56 $\dfrac{21}{40}$
57 $\dfrac{52}{63}$
58 10
59 $\dfrac{20}{69}$
60 $\dfrac{1}{3}$
61 $\dfrac{11}{14}$

62 $\dfrac{56}{125}$
63 18
64 $\dfrac{25}{108}$
65 $1\dfrac{3}{7}$
66 $1\dfrac{25}{56}$
67 $\dfrac{21}{50}$
68 $2\dfrac{13}{60}$

69 $3\dfrac{3}{7}$
70 $2\dfrac{7}{24}$
71 $\dfrac{1}{2}$
72 $1\dfrac{8}{9}$
73 $\dfrac{5}{26}$
74 $\dfrac{3}{4}$
75 $\dfrac{7}{12}$

○5 (자연수)÷(진분수)

26쪽 ❶ 계산 결과를 기약분수 또는 대분수로 나타내지 않아도 정답으로 인정합니다.

❶ 6

❷ 20

❸ 35

❹ 48

❺ 56

❻ 48

❼ 27

❽ $14\frac{2}{5}$

❾ $13\frac{1}{5}$

❿ $17\frac{1}{7}$

⓫ $33\frac{3}{4}$

⓬ $22\frac{2}{5}$

27쪽

⓭ $21\frac{3}{5}$

⓮ $31\frac{1}{2}$

⓯ $20\frac{4}{7}$

⓰ $31\frac{2}{3}$

⓱ 24

⓲ 36

⓳ 55

⓴ 56

㉑ 27

㉒ 112

㉓ 33

㉔ 99

㉕ $82\frac{1}{2}$

㉖ $31\frac{1}{5}$

㉗ $40\frac{4}{5}$

㉘ $27\frac{1}{2}$

㉙ $32\frac{1}{2}$

㉚ $30\frac{1}{3}$

㉛ $32\frac{2}{3}$

㉜ $31\frac{1}{2}$

㉝ $37\frac{1}{2}$

28쪽

㉞ 12

㉟ 10

㊱ $4\frac{1}{2}$

㊲ $6\frac{1}{2}$

㊳ 10

㊴ $7\frac{1}{2}$

㊵ 21

㊶ $10\frac{1}{2}$

㊷ 40

㊸ 20

㊹ $11\frac{1}{4}$

㊺ 108

㊻ $13\frac{1}{3}$

㊼ 160

㊽ 44

㊾ 16

㊿ 14

51 $13\frac{1}{5}$

52 117

53 28

54 70

29쪽

55 $17\frac{1}{2}$

56 $22\frac{1}{2}$

57 18

58 $21\frac{1}{3}$

59 40

60 18

61 $25\frac{1}{2}$

62 $19\frac{4}{5}$

63 $20\frac{1}{4}$

64 35

65 $27\frac{1}{2}$

66 28

67 $28\frac{4}{7}$

68 45

69 60

70 $53\frac{1}{3}$

71 $90\frac{2}{3}$

72 84

73 $55\frac{1}{2}$

74 $47\frac{1}{2}$

75 $46\frac{2}{3}$

06 계산 Plus+ 분모가 다른 (진분수)÷(진분수), (자연수)÷(진분수)

30쪽 ❗계산 결과를 기약분수 또는 대분수로
나타내지 않아도 정답으로 인정합니다.

❶ $\dfrac{5}{8}$

❷ 6

❸ $2\dfrac{2}{5}$

❹ $1\dfrac{3}{7}$

❺ 12

❻ $10\dfrac{2}{3}$

❼ 15

❽ $27\dfrac{1}{2}$

31쪽

❾ $\dfrac{11}{18}$

❿ $\dfrac{7}{30}$

⓫ $2\dfrac{6}{11}$

⓬ $1\dfrac{5}{16}$

⓭ $\dfrac{5}{6}$

⓮ 20

⓯ 14

⓰ $33\dfrac{3}{4}$

⓱ $23\dfrac{1}{3}$

⓲ 91

32쪽

$1\dfrac{1}{7}$	$\dfrac{4}{9}$	6	$\dfrac{3}{4}$

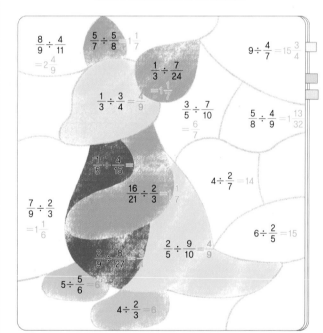

$\dfrac{8}{9}÷\dfrac{4}{11}$ $=2\dfrac{4}{9}$

$\dfrac{5}{7}÷\dfrac{5}{8}=1\dfrac{1}{7}$

$\dfrac{1}{3}÷\dfrac{7}{24}=1\dfrac{1}{7}$

$9÷\dfrac{4}{7}=15\dfrac{3}{4}$

$\dfrac{1}{3}÷\dfrac{3}{4}=\dfrac{4}{9}$

$\dfrac{3}{5}÷\dfrac{7}{10}=\dfrac{6}{7}$

$\dfrac{5}{8}÷\dfrac{4}{9}=1\dfrac{13}{32}$

$\dfrac{1}{5}÷\dfrac{4}{15}=\dfrac{3}{4}$

$4÷\dfrac{2}{7}=14$

$\dfrac{7}{9}÷\dfrac{2}{3}=1\dfrac{1}{6}$

$\dfrac{16}{21}÷\dfrac{2}{3}=1\dfrac{1}{7}$

$6÷\dfrac{2}{5}=15$

$\dfrac{2}{9}÷\dfrac{8}{27}=\dfrac{3}{4}$

$\dfrac{2}{5}÷\dfrac{9}{10}=\dfrac{4}{9}$

$5÷\dfrac{5}{6}=6$

$4÷\dfrac{2}{3}=6$

33쪽

63	$31\dfrac{1}{2}$	$\dfrac{11}{15}$	$1\dfrac{7}{8}$	$2\dfrac{3}{8}$	$\dfrac{14}{15}$	65
주	수	야	채	스	박	화

$27÷\dfrac{6}{7}$	$\dfrac{21}{50}÷\dfrac{9}{20}$	$40÷\dfrac{8}{13}$	$\dfrac{25}{32}÷\dfrac{5}{12}$
수	박	화	채

07 (가분수)÷(진분수)

34쪽

❗ 계산 결과를 기약분수 또는 대분수로 나타내지 않아도 정답으로 인정합니다.

① $4\frac{1}{2}$ ② $3\frac{1}{3}$ ③ $7\frac{7}{8}$ ④ $4\frac{4}{9}$
⑤ 15 ⑥ 8 ⑦ 12 ⑧ 10
⑨ $16\frac{1}{2}$ ⑩ $12\frac{1}{2}$ ⑪ $5\frac{1}{10}$ ⑫ $2\frac{1}{4}$

35쪽

⑬ $4\frac{1}{5}$ ⑭ $2\frac{2}{3}$ ⑮ 10 ⑯ $5\frac{2}{5}$ ⑰ 2 ⑱ $4\frac{7}{12}$ ⑲ $3\frac{7}{9}$
⑳ $1\frac{32}{49}$ ㉑ $5\frac{5}{7}$ ㉒ 9 ㉓ $2\frac{9}{28}$ ㉔ 10 ㉕ $1\frac{11}{16}$ ㉖ $2\frac{1}{6}$
㉗ 2 ㉘ $9\frac{1}{2}$ ㉙ 6 ㉚ $2\frac{1}{6}$ ㉛ 4 ㉜ $3\frac{5}{9}$ ㉝ $3\frac{1}{3}$

36쪽

㉞ 14 ㉟ $5\frac{5}{9}$ ㊱ 21 ㊲ $1\frac{3}{4}$ ㊳ 18 ㊴ 9 ㊵ 9
㊶ $2\frac{2}{15}$ ㊷ $2\frac{7}{10}$ ㊸ $2\frac{22}{25}$ ㊹ $1\frac{5}{9}$ ㊺ $8\frac{1}{4}$ ㊻ $3\frac{1}{4}$ ㊼ $4\frac{23}{24}$
㊽ $3\frac{3}{7}$ ㊾ $2\frac{6}{7}$ ㊿ 8 51 $4\frac{4}{35}$ 52 2 53 $1\frac{5}{6}$ 54 $4\frac{3}{8}$

37쪽

55 18 56 $1\frac{5}{6}$ 57 21 58 8 59 9 60 $1\frac{49}{55}$ 61 $3\frac{1}{33}$
62 $7\frac{1}{12}$ 63 $2\frac{23}{36}$ 64 $1\frac{43}{65}$ 65 $3\frac{11}{13}$ 66 10 67 $4\frac{1}{4}$ 68 $4\frac{8}{21}$
69 $4\frac{1}{2}$ 70 $4\frac{4}{5}$ 71 $2\frac{4}{5}$ 72 $1\frac{13}{17}$ 73 $1\frac{9}{10}$ 74 $6\frac{7}{18}$ 75 $1\frac{9}{19}$

08 (대분수)÷(진분수)

38쪽 ❶ 계산 결과를 기약분수 또는 대분수로
나타내지 않아도 정답으로 인정합니다.

① $1\frac{7}{8}$

② $2\frac{2}{3}$

③ $2\frac{7}{9}$

④ $2\frac{11}{12}$

⑤ $2\frac{6}{25}$

⑥ 6

⑦ $4\frac{5}{18}$

⑧ $2\frac{2}{35}$

⑨ $2\frac{1}{49}$

⑩ $1\frac{8}{9}$

⑪ $2\frac{4}{5}$

⑫ $13\frac{3}{4}$

39쪽

⑬ $4\frac{2}{5}$

⑭ $3\frac{23}{25}$

⑮ $7\frac{5}{9}$

⑯ $3\frac{33}{49}$

⑰ $2\frac{5}{6}$

⑱ $3\frac{27}{40}$

⑲ $4\frac{1}{3}$

⑳ 8

㉑ 5

㉒ $6\frac{3}{4}$

㉓ $4\frac{2}{25}$

㉔ $5\frac{19}{25}$

㉕ $4\frac{2}{9}$

㉖ $5\frac{13}{24}$

㉗ 9

㉘ $9\frac{4}{9}$

㉙ 18

㉚ 5

㉛ 20

㉜ $9\frac{5}{7}$

㉝ $32\frac{2}{3}$

40쪽

㉞ 6

㉟ 2

㊱ $2\frac{5}{8}$

㊲ $2\frac{4}{5}$

㊳ $3\frac{3}{20}$

㊴ $4\frac{7}{12}$

㊵ $5\frac{5}{6}$

㊶ $2\frac{13}{18}$

㊷ 6

㊸ $3\frac{3}{4}$

㊹ $7\frac{1}{3}$

㊺ $8\frac{2}{5}$

㊻ 4

㊼ $3\frac{4}{15}$

㊽ $2\frac{1}{2}$

㊾ $3\frac{3}{14}$

㊿ $3\frac{3}{7}$

51 $2\frac{21}{32}$

52 $2\frac{1}{2}$

53 $3\frac{8}{9}$

54 $3\frac{2}{3}$

41쪽

55 $5\frac{5}{6}$

56 4

57 $4\frac{2}{3}$

58 10

59 $5\frac{1}{9}$

60 $5\frac{5}{8}$

61 6

62 $10\frac{5}{6}$

63 6

64 $16\frac{5}{8}$

65 $5\frac{23}{35}$

66 $8\frac{1}{4}$

67 12

68 8

69 10

70 18

71 $9\frac{7}{12}$

72 $8\frac{2}{7}$

73 10

74 $17\frac{1}{2}$

75 $12\frac{2}{3}$

09 (대분수)÷(대분수)

42쪽

❗ 계산 결과를 기약분수 또는 대분수로 나타내지 않아도 정답으로 인정합니다.

① $\frac{8}{9}$
② $\frac{21}{32}$
③ $\frac{14}{25}$
④ $\frac{36}{55}$
⑤ $\frac{7}{10}$
⑥ $\frac{27}{49}$
⑦ $\frac{65}{88}$
⑧ $\frac{45}{64}$
⑨ $1\frac{10}{81}$
⑩ $1\frac{11}{45}$
⑪ $1\frac{11}{21}$
⑫ $1\frac{37}{40}$

43쪽

⑬ $\frac{44}{45}$
⑭ $1\frac{53}{55}$
⑮ $2\frac{13}{70}$
⑯ $\frac{5}{7}$
⑰ $2\frac{1}{24}$
⑱ $\frac{23}{28}$
⑲ $\frac{8}{9}$
⑳ $\frac{11}{15}$
㉑ $\frac{23}{39}$
㉒ $\frac{50}{87}$
㉓ $\frac{13}{24}$
㉔ $1\frac{5}{34}$
㉕ 2
㉖ $2\frac{2}{5}$
㉗ $\frac{36}{49}$
㉘ $1\frac{5}{13}$
㉙ $1\frac{9}{17}$
㉚ $1\frac{15}{19}$
㉛ $5\frac{1}{10}$
㉜ $2\frac{8}{27}$
㉝ $2\frac{4}{33}$

44쪽

㉞ $\frac{15}{22}$
㉟ $1\frac{8}{27}$
㊱ $\frac{4}{5}$
㊲ $\frac{28}{75}$
㊳ $\frac{9}{14}$
㊴ $\frac{55}{98}$
㊵ $1\frac{7}{48}$
㊶ $\frac{35}{72}$
㊷ $\frac{15}{22}$
㊸ $\frac{9}{22}$
㊹ $1\frac{5}{6}$
㊺ $\frac{7}{10}$
㊻ $1\frac{1}{7}$
㊼ $\frac{7}{9}$
㊽ $1\frac{3}{11}$
㊾ $1\frac{1}{5}$
㊿ $\frac{12}{25}$
51 $2\frac{1}{66}$
52 $2\frac{31}{42}$
53 $2\frac{2}{49}$
54 $1\frac{31}{56}$

45쪽

55 $1\frac{1}{5}$
56 2
57 $1\frac{11}{17}$
58 $\frac{19}{26}$
59 $2\frac{4}{5}$
60 $\frac{33}{52}$
61 $\frac{32}{43}$
62 $\frac{51}{56}$
63 $\frac{45}{56}$
64 $3\frac{1}{9}$
65 $\frac{56}{75}$
66 $\frac{4}{5}$
67 $\frac{69}{77}$
68 $4\frac{2}{7}$
69 $\frac{92}{99}$
70 $\frac{78}{95}$
71 $5\frac{15}{16}$
72 $3\frac{1}{33}$
73 $3\frac{31}{33}$
74 $5\frac{1}{2}$
75 $1\frac{7}{8}$

10 어떤 수 구하기

46쪽 ❶ 계산 결과를 기약분수 또는 대분수로
나타내지 않아도 정답으로 인정합니다.

❶ 5, 5

❷ $2\frac{1}{2}$, $2\frac{1}{2}$

❸ $\frac{15}{16}$, $\frac{15}{16}$

❹ 16, 16

❺ $1\frac{23}{40}$, $1\frac{23}{40}$

❻ $2\frac{1}{12}$, $2\frac{1}{12}$

47쪽

❼ 2, 2

❽ 3, 3

❾ $1\frac{2}{7}$, $1\frac{2}{7}$

❿ $1\frac{1}{8}$, $1\frac{1}{8}$

⓫ $\frac{35}{36}$, $\frac{35}{36}$

⓬ 21, 21

⓭ $1\frac{5}{7}$, $1\frac{5}{7}$

⓮ $4\frac{2}{5}$, $4\frac{2}{5}$

⓯ $\frac{27}{35}$, $\frac{27}{35}$

⓰ $1\frac{13}{27}$, $1\frac{13}{27}$

48쪽

⓱ 2

⓲ $1\frac{2}{5}$

⓳ $1\frac{3}{4}$

⓴ $1\frac{1}{21}$

㉑ $1\frac{1}{35}$

㉒ 15

㉓ 18

㉔ $4\frac{1}{12}$

㉕ $1\frac{5}{16}$

㉖ $1\frac{4}{5}$

㉗ $8\frac{2}{3}$

㉘ $1\frac{41}{84}$

49쪽

㉙ 2

㉚ $1\frac{1}{4}$

㉛ $\frac{7}{10}$

㉜ $\frac{8}{15}$

㉝ 18

㉞ 28

㉟ $1\frac{5}{9}$

㊱ $1\frac{13}{32}$

㊲ $4\frac{1}{6}$

㊳ $6\frac{5}{12}$

㊴ $\frac{3}{5}$

㊵ $1\frac{7}{10}$

11 계산 Plus + (가분수)÷(진분수), (대분수)÷(진분수), (대분수)÷(대분수)

50쪽 ❶ 계산 결과를 기약분수 또는 대분수로
나타내지 않아도 정답으로 인정합니다.

❶ $2\frac{4}{5}$

❷ 6

❸ $2\frac{1}{7}$

❹ $2\frac{11}{12}$

❺ $3\frac{1}{3}$

❻ $3\frac{3}{20}$

❼ $\frac{8}{15}$

❽ $\frac{4}{5}$

51쪽

❾ 12

❿ $1\frac{11}{25}$

⓫ 4

⓬ $16\frac{1}{9}$

⓭ $2\frac{4}{13}$

⓮ $2\frac{1}{16}$

1 분수의 나눗셈

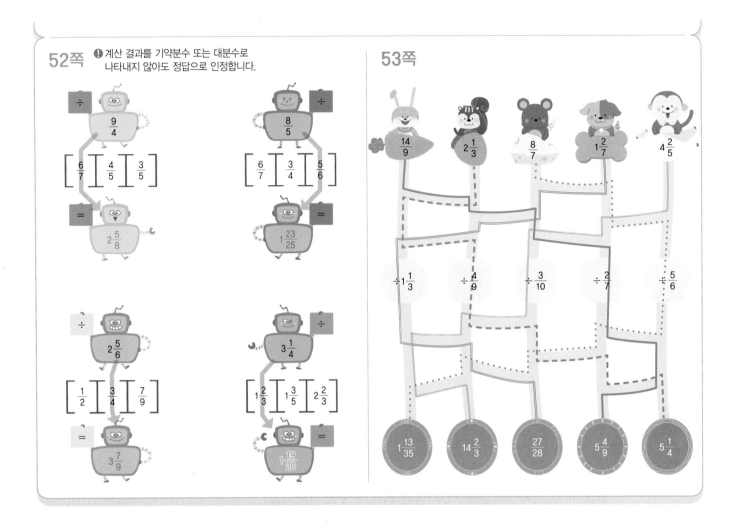

12 분수의 나눗셈 평가

54쪽 ❶ 계산 결과를 기약분수 또는 대분수로 나타내지 않아도 정답으로 인정합니다.

55쪽

❶ 4

❷ 3

❸ 7

❹ $1\frac{1}{5}$

❺ $1\frac{2}{7}$

❻ $1\frac{10}{11}$

❼ $\frac{45}{49}$

❽ $1\frac{1}{27}$

❾ $11\frac{1}{4}$

❿ $8\frac{2}{5}$

⓫ $5\frac{3}{5}$

⓬ $3\frac{1}{8}$

⓭ $6\frac{2}{5}$

⓮ $4\frac{1}{16}$

⓯ $1\frac{47}{55}$

⓰ $3\frac{1}{2}$

⓱ $1\frac{2}{5}$

⓲ $\frac{35}{54}$

⓳ $10\frac{2}{3}$

⓴ $1\frac{17}{18}$

2 소수의 나눗셈

13 자연수의 나눗셈을 이용한 (소수)÷(소수)

58쪽 ❶ 정답을 위에서부터 확인합니다.

❶ 32, 8, 4, 4
❷ 56, 7, 8, 8
❸ 66, 33, 2, 2
❹ 76, 4, 19, 19

59쪽

❺ 10, 4, 23, 23
❻ 10, 3, 37, 37
❼ 10, 2, 81, 81
❽ 10, 4, 51, 51
❾ 100, 8, 21, 21
❿ 100, 17, 13, 13
⓫ 100, 21, 12, 12
⓬ 100, 3, 98, 98

60쪽

⓭ 22, 22
⓮ 3, 3
⓯ 6, 6
⓰ 14, 14
⓱ 15, 15
⓲ 4, 4
⓳ 4, 4
⓴ 8, 8
㉑ 8, 8
㉒ 7, 7
㉓ 9, 9
㉔ 6, 6

61쪽

㉕ 3, 3, 3
㉖ 8, 8, 8
㉗ 9, 9, 9
㉘ 11, 11, 11
㉙ 14, 14, 14
㉚ 8, 8, 8
㉛ 12, 12, 12
㉜ 15, 15, 15
㉝ 18, 18, 18
㉞ 13, 13, 13
㉟ 21, 21, 21
㊱ 11, 11, 11
㊲ 17, 17, 17
㊳ 48, 48, 48
㊴ 32, 32, 32

14 (소수 한 자리 수)÷(소수 한 자리 수)

62쪽

❶ 9
❷ 14
❸ 6
❹ 18

63쪽

❺ 6
❻ 9
❼ 6
❽ 7
❾ 7
❿ 9
⓫ 6
⓬ 7
⓭ 18
⓮ 24
⓯ 24
⓰ 23

64쪽

⓱ 9
⓲ 4
⓳ 12
⓴ 24
㉑ 5
㉒ 9
㉓ 24
㉔ 29
㉕ 8
㉖ 4
㉗ 16
㉘ 28

65쪽

㉙ 4
㉚ 2
㉛ 7
㉜ 8
㉝ 7
㉞ 9
㉟ 5
㊱ 9
㊲ 7
㊳ 6
㊴ 4
㊵ 5
㊶ 8
㊷ 9
㊸ 13
㊹ 18
㊺ 21
㊻ 27
㊼ 36
㊽ 31
㊾ 32

15 (소수 두 자리 수)÷(소수 두 자리 수)

66쪽

① 3
② 13
③ 6
④ 13

67쪽

⑤ 4
⑥ 6
⑦ 9
⑧ 7
⑨ 9
⑩ 8
⑪ 7
⑫ 7
⑬ 16
⑭ 32
⑮ 21
⑯ 29

68쪽

⑰ 7
⑱ 8
⑲ 17
⑳ 14
㉑ 8
㉒ 9
㉓ 12
㉔ 16
㉕ 7
㉖ 7
㉗ 18
㉘ 11

69쪽

㉙ 2
㉚ 4
㉛ 7
㉜ 5
㉝ 7
㉞ 8
㉟ 9
㊱ 6
㊲ 9
㊳ 7
㊴ 8
㊵ 9
㊶ 8
㊷ 9
㊸ 14
㊹ 16
㊺ 29
㊻ 17
㊼ 54
㊽ 28
㊾ 29

16 계산 Plus+ 자릿수가 같은 (소수)÷(소수)

70쪽

① 4
② 7
③ 12
④ 34
⑤ 2
⑥ 7
⑦ 16
⑧ 27

71쪽

⑨ 4
⑩ 5
⑪ 14
⑫ 28
⑬ 3
⑭ 8
⑮ 9
⑯ 11

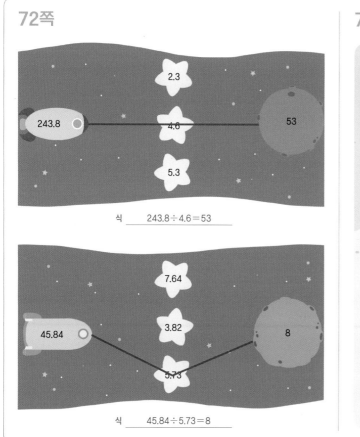

식 ___243.8 ÷ 4.6 = 53___

식 ___45.84 ÷ 5.73 = 8___

18.6 ÷ 9.3 = ㉡

7.2 ÷ 0.9 = ㉠

60.34 ÷ 8.62 = ㉣

23.95 ÷ 4.79 = ㉢

㉠ ㉡ ㉢ ㉣
비밀번호는 8 2 5 7 입니다.

17 (소수 두 자리 수) ÷ (소수 한 자리 수)

74쪽

❶ 0.6
❷ 1.2
❸ 0.8
❹ 2.3

75쪽

❺ 0.4
❻ 0.5
❼ 0.6
❽ 0.7
❾ 5.2
❿ 4.9
⓫ 6.4
⓬ 7.3
⓭ 3.9
⓮ 3.6
⓯ 3.5
⓰ 2.8

76쪽

⓱ 0.9
⓲ 0.4
⓳ 2.3
⓴ 3.2
㉑ 0.7
㉒ 0.5
㉓ 7.8
㉔ 6.2
㉕ 0.6
㉖ 0.7
㉗ 2.9
㉘ 3.5

77쪽

㉙ 1.4
㉚ 2.9
㉛ 3.1
㉜ 4.3
㉝ 8.7
㉞ 6.7
㉟ 3.5
㊱ 4.6
㊲ 7.3
㊳ 8.7
㊴ 7.4
㊵ 8.5
㊶ 5.5
㊷ 7.6
㊸ 4.2
㊹ 8.4
㊺ 5.6
㊻ 7.8

18 (자연수)÷(소수 한 자리 수)

78쪽

❶ 5
❷ 15
❸ 6
❹ 25

79쪽

❺ 8
❻ 6
❼ 5
❽ 6
❾ 5
❿ 5
⓫ 6
⓬ 8
⓭ 14
⓮ 15
⓯ 22
⓰ 35

80쪽

⓱ 2
⓲ 4
⓳ 15
⓴ 15
㉑ 4
㉒ 5
㉓ 15
㉔ 26
㉕ 4
㉖ 5
㉗ 26
㉘ 25

81쪽

㉙ 4
㉚ 5
㉛ 2
㉜ 5
㉝ 6
㉞ 5
㉟ 8
㊱ 5
㊲ 4
㊳ 5
㊴ 8
㊵ 5
㊶ 45
㊷ 35
㊸ 34
㊹ 35
㊺ 25
㊻ 25

19 (자연수)÷(소수 두 자리 수)

82쪽

❶ 50
❷ 24
❸ 50
❹ 25

83쪽

❺ 50
❻ 8
❼ 75
❽ 50
❾ 25
❿ 20
⓫ 20
⓬ 48
⓭ 50
⓮ 25
⓯ 20
⓰ 25

84쪽

⓱ 40
⓲ 8
⓳ 25
⓴ 28
㉑ 50
㉒ 20
㉓ 25
㉔ 25
㉕ 50
㉖ 20
㉗ 12
㉘ 25

85쪽

㉙ 25
㉚ 8
㉛ 50
㉜ 25
㉝ 25
㉞ 75
㉟ 25
㊱ 40
㊲ 50
㊳ 25
㊴ 25
㊵ 25
㊶ 48
㊷ 25
㊸ 50
㊹ 40
㊺ 40
㊻ 80

86쪽

❶ 0.3
❷ 25
❸ 25
❹ 5
❺ 5.6
❻ 5
❼ 8.7
❽ 4

87쪽

❾ 5
❿ 2.3
⓫ 24
⓬ 30
⓭ 7.3
⓮ 25
⓯ 84
⓰ 5.1
⓱ 15
⓲ 36
⓳ 6.5
⓴ 22

88쪽

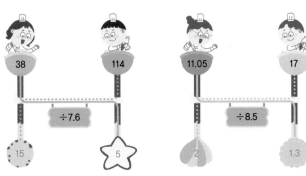

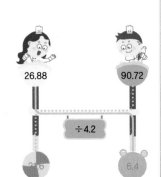

89쪽

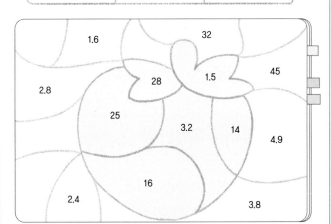

$$0.8 \overline{)20.0} \quad 25$$
$$3.5 \overline{)49.0} \quad 14$$
$$4.25 \overline{)68.0 0} \quad 16$$
$$2.9 \overline{)4.35} \quad 1.5$$
$$18.7 \overline{)59.84} \quad 3.2$$
$$2.25 \overline{)63.0 0} \quad 28$$

2 소수의 나눗셈

21 몫을 반올림하여 나타내기

90쪽

❶ 2 ❸ 2 ❺ 1
❷ 1 ❹ 3 ❻ 1

91쪽

❼ 2.3 ⓫ 0.9 ⓯ 2.1
❽ 1.7 ⓬ 0.7 ⓰ 1.6
❾ 1.7 ⓭ 0.3 ⓱ 1.2
❿ 1.6 ⓮ 0.5 ⓲ 2.9

92쪽

⓳ 0.67 ㉒ 0.71 ㉕ 3.88
⓴ 3.86 ㉓ 2.89 ㉖ 7.05
㉑ 3.78 ㉔ 3.08 ㉗ 1.39

93쪽

㉘ 3 ㉞ 2.1
㉙ 2 ㉟ 0.5
㉚ 8 ㊱ 10.78
㉛ 1 ㊲ 8.41
㉜ 1.4 ㊳ 13.83
㉝ 1.6 ㊴ 17.13

22 나누어 주고 남는 양

94쪽

❶ 1, 0.1 ❸ 2, 0.7 ❺ 2, 0.2
❷ 1, 1.5 ❹ 1, 2.8 ❻ 2, 1.3

95쪽

❼ 2, 0.4 ⓫ 9, 3.5 ⓯ 9, 7.6
❽ 2, 1.6 ⓬ 10, 0.3 ⓰ 11, 7.8
❾ 6, 2.8 ⓭ 8, 6.7 ⓱ 11, 7.3
❿ 8, 4.2 ⓮ 10, 1.9 ⓲ 13, 8.7

96쪽

⓳ 1, 2.2 ㉓ 2, 4.3 ㉗ 11, 6.6
⓴ 2, 0.5 ㉔ 5, 5.8 ㉘ 11, 4.7
㉑ 1, 3.9 ㉕ 8, 4.4 ㉙ 17, 7.6
㉒ 1, 3.7 ㉖ 9, 5.1 ㉚ 19, 7.5

97쪽

㉛ 1, 0.2 ㉟ 3, 3.5 ㊴ 10, 1.9
㉜ 1, 0.7 ㊱ 4, 2.8 ㊵ 11, 0.4
㉝ 1, 1.8 ㊲ 5, 6.7 ㊶ 15, 1.2
㉞ 3, 0.5 ㊳ 7, 3.3 ㊷ 14, 2.3

23 어떤 수 구하기

98쪽

❶ 4, 4
❷ 3, 3
❸ 1.2, 1.2
❹ 6, 6
❺ 25, 25
❻ 4, 4

99쪽

❼ 3, 3
❽ 2.2, 2.2
❾ 35, 35
❿ 40, 40
⓫ 6, 6
⓬ 6, 6
⓭ 3.1, 3.1
⓮ 14, 14
⓯ 50, 50
⓰ 4, 4

100쪽

⓱ 4
⓲ 7.4
⓳ 5
⓴ 20
㉑ 8
㉒ 22
㉓ 8.1
㉔ 24
㉕ 50
㉖ 17
㉗ 32
㉘ 1.6

101쪽

㉙ 5
㉚ 50
㉛ 11
㉜ 27
㉝ 3.1
㉞ 12
㉟ 20
㊱ 23
㊲ 22
㊳ 6.1
㊴ 15
㊵ 12

24 계산 Plus+ 몫을 반올림하여 나타내기, 나누어 주고 남는 양

102쪽

❶ 1
❷ 26.3
❸ 4.92
❹ 1.7
❺ 3.29
❻ 2.4
❼ 6
❽ 4.78

103쪽

❾ 1, 1.7
❿ 4, 0.5
⓫ 5, 1.8
⓬ 6, 3.6
⓭ 7, 0.1
⓮ 9, 4.9
⓯ 9, 3.4
⓰ 13, 4.6

2 소수의 나눗셈

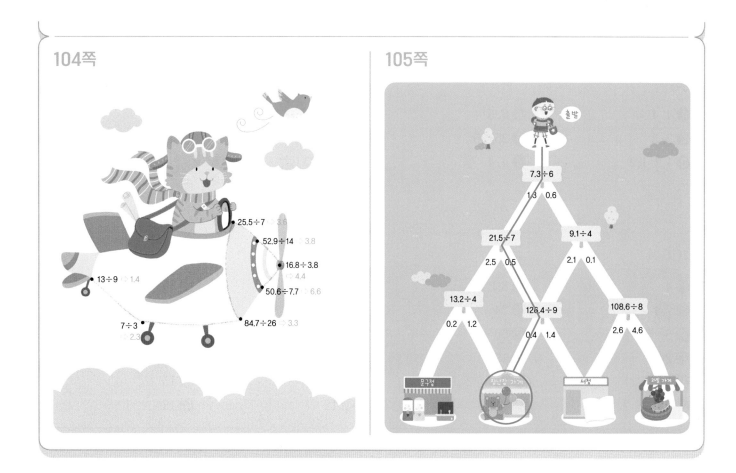

104쪽

25.5÷7 → 3.6
52.9÷14 → 3.8
16.8÷3.8 → 4.4
50.6÷7.7 → 6.6
13÷9 → 1.4
84.7÷26 → 3.3
7÷3 → 2.3

105쪽

출발
7.3÷6
1.3   0.6
21.5÷7   9.1÷4
2.5   0.5   2.1   0.1
13.2÷4   126.4÷9   108.6÷8
0.2   1.2   0.4   1.4   2.6   4.6

---

25 소수의 나눗셈 평가

106쪽

❶ 7
❷ 7
❸ 2.8
❹ 8
❺ 75

❻ 36
❼ 24
❽ 1.9
❾ 45
❿ 50
⓫ 50

107쪽

⓬ 1
⓭ 4.2
⓮ 2.56
⓯ 10, 5.4
⓰ 20, 7.3

⓱ 9
⓲ 11
⓳ 3.8
⓴ 25

3 비례식과 비례배분

26 비의 성질

110쪽 ❶정답을 위에서부터 확인합니다.

❶ 6, 8, 2

❷ 20, 36, 4

❸ 3, 33, 21

❹ 5, 75, 10

111쪽

❺ 4, 1, 3

❻ 5, 3, 4

❼ 3, 2, 8

❽ 7, 2, 5

❾ 3, 2, 16

❿ 2, 27, 5

⓫ 6, 20, 7

⓬ 7, 20, 3

⓭ 10, 15, 4

⓮ 9, 20, 3

112쪽

⓯ 4, 14, 2

⓰ 5, 25, 55

⓱ 51, 9, 3

⓲ 7, 140, 63

⓳ 100, 48, 4

⓴ 9, 225, 45

㉑ 54, 38, 2

㉒ 2, 56, 12

㉓ 240, 64, 8

㉔ 10, 420, 150

113쪽

㉕ 8, 4, 5

㉖ 18, 7, 2

㉗ 6, 7, 3

㉘ 6, 2, 12

㉙ 11, 10, 3

㉚ 9, 5, 16

㉛ 6, 30, 8

㉜ 40, 9, 5

㉝ 7, 30, 6

㉞ 25, 9, 10

27 간단한 자연수의 비로 나타내기

114쪽

❶ 1 : 3

❷ 1 : 4

❸ 2 : 5

❹ 1 : 4

❺ 1 : 5

❻ 1 : 3

❼ 3 : 5

❽ 7 : 4

❾ 5 : 6

❿ 9 : 11

115쪽

⓫ 7 : 6

⓬ 8 : 1

⓭ 2 : 1

⓮ 9 : 7

⓯ 15 : 7

⓰ 8 : 7

⓱ 3 : 1

⓲ 3 : 2

⓳ 8 : 7

⓴ 38 : 15

㉑ 23 : 10

㉒ 20 : 17

㉓ 57 : 55

㉔ 63 : 31

116쪽

㉕ 2 : 7

㉖ 1 : 3

㉗ 3 : 17

㉘ 2 : 3

㉙ 1 : 4

㉚ 1 : 3

㉛ 2 : 7

㉜ 5 : 7

㉝ 1 : 4

㉞ 10 : 19

㉟ 11 : 8

㊱ 3 : 2

㊲ 16 : 15

㊳ 7 : 10

117쪽

㊴ 11 : 9

㊵ 23 : 14

㊶ 26 : 15

㊷ 29 : 11

㊸ 23 : 11

㊹ 3 : 2

㊺ 4 : 3

㊻ 3 : 2

㊼ 53 : 26

㊽ 31 : 20

㊾ 43 : 12

㊿ 22 : 9

51 35 : 17

52 57 : 14

28 소수의 비를 간단한 자연수의 비로 나타내기

118쪽

❶ 2 : 3
❷ 3 : 7
❸ 5 : 6
❹ 7 : 15
❺ 11 : 24

❻ 9 : 11
❼ 17 : 32
❽ 19 : 35
❾ 25 : 14
❿ 131 : 16

119쪽

⓫ 1 : 5
⓬ 1 : 5
⓭ 3 : 2
⓮ 1 : 2
⓯ 1 : 3
⓰ 2 : 3
⓱ 5 : 7

⓲ 2 : 3
⓳ 3 : 4
⓴ 7 : 9
㉑ 13 : 9
㉒ 107 : 44
㉓ 31 : 7
㉔ 161 : 108

120쪽

㉕ 2 : 7
㉖ 1 : 7
㉗ 1 : 4
㉘ 1 : 3
㉙ 4 : 9
㉚ 6 : 7
㉛ 5 : 6

㉜ 3 : 4
㉝ 7 : 9
㉞ 11 : 16
㉟ 41 : 7
㊱ 51 : 5
㊲ 21 : 17
㊳ 22 : 1

121쪽

㊴ 3 : 1
㊵ 193 : 91
㊶ 67 : 11
㊷ 107 : 61
㊸ 113 : 12
㊹ 23 : 40
㊺ 10 : 51

㊻ 9 : 5
㊼ 90 : 41
㊽ 18 : 5
㊾ 64 : 29
㊿ 73 : 50
㋑ 10 : 3
㋒ 113 : 120

29 분수의 비를 간단한 자연수의 비로 나타내기

122쪽

❶ 5 : 2
❷ 3 : 4
❸ 21 : 10
❹ 24 : 7

❺ 35 : 48
❻ 32 : 27
❼ 36 : 55
❽ 28 : 39

123쪽

❾ 6 : 5
❿ 8 : 7
⓫ 5 : 4
⓬ 11 : 3
⓭ 13 : 14
⓮ 17 : 24

⓯ 17 : 22
⓰ 23 : 30
⓱ 7 : 10
⓲ 15 : 8
⓳ 64 : 65
⓴ 111 : 112

124쪽

㉑ 14 : 15

㉒ 15 : 32

㉓ 40 : 27

㉔ 7 : 10

㉕ 14 : 27

㉖ 15 : 28

㉗ 25 : 34

㉘ 21 : 38

㉙ 23 : 28

㉚ 27 : 26

㉛ 50 : 49

㉜ 23 : 30

125쪽

㉝ 18 : 23

㉞ 31 : 34

㉟ 9 : 10

㊱ 28 : 15

㊲ 20 : 9

㊳ 15 : 34

㊴ 121 : 12

㊵ 7 : 24

㊶ 95 : 49

㊷ 14 : 85

㊸ 148 : 27

㊹ 5 : 48

30 소수와 분수의 비를 간단한 자연수의 비로 나타내기

126쪽

❶ 3 : 10

❷ 7 : 5

❸ 7 : 4

❹ 9 : 5

❺ 19 : 12

❻ 98 : 25

❼ 69 : 40

❽ 62 : 15

127쪽

❾ 5 : 2

❿ 2 : 3

⓫ 5 : 9

⓬ 5 : 14

⓭ 25 : 62

⓮ 16 : 81

⓯ 1 : 2

⓰ 125 : 531

⓱ 17 : 15

⓲ 4 : 9

⓳ 3 : 8

⓴ 29 : 78

128쪽

㉑ 3 : 2

㉒ 54 : 35

㉓ 21 : 2

㉔ 171 : 80

㉕ 225 : 4

㉖ 27 : 5

㉗ 246 : 35

㉘ 53 : 3

㉙ 81 : 85

㉚ 58 : 27

㉛ 65 : 38

㉜ 29 : 18

129쪽

㉝ 5 : 2

㉞ 9 : 7

㉟ 8 : 33

㊱ 7 : 39

㊲ 2 : 9

㊳ 15 : 76

㊴ 11 : 47

㊵ 35 : 306

㊶ 47 : 128

㊷ 188 : 243

㊸ 1 : 2

㊹ 113 : 166

27

3 비례식과 비례배분

31 비례식

130쪽

❶ 2, 6
❷ 4, 10
❸ 14, 6

❹ 24, 15
❺ 48, 52
❻ 42, 15

131쪽

❼ 38, 16
❽ 5, 3
❾ 7, 6
❿ 11, 12
⓫ 69, 33
⓬ 6, 5

⓭ 1, 3
⓮ 2, 1
⓯ 9, 3
⓰ 14, 8
⓱ 58, 34
⓲ 15, 14

132쪽

⓳ 예 2, 5, 6, 15
⓴ 예 3, 8, 15, 40
㉑ 예 10, 7, 40, 28
㉒ 예 6, 5, 18, 15
㉓ 예 11, 14, 22, 28
㉔ 예 8, 15, 16, 30

㉕ 예 8, 6, 32, 24
㉖ 예 9, 21, 27, 63
㉗ 예 4, 9, 12, 27
㉘ 예 6, 17, 12, 34
㉙ 예 12, 15, 36, 45
㉚ 예 13, 8, 39, 24

133쪽

㉛ 예 14, 9, 42, 27
㉜ 예 20, 13, 40, 26
㉝ 예 31, 12, 62, 24
㉞ 예 17, 3, 51, 9
㉟ 예 33, 21, 66, 42
㊱ 예 19, 8, 38, 16

㊲ 예 15, 7, 30, 14
㊳ 예 3, 13, 21, 91
㊴ 예 16, 11, 80, 55
㊵ 예 32, 19, 64, 38
㊶ 예 18, 5, 36, 10
㊷ 예 12, 21, 48, 84

32 비례식의 성질

134쪽

❶ 12, 12, 6
❷ 45, 45, 15

❸ 60, 60, 20
❹ 80, 80, 16

135쪽

❺ 4
❻ 27
❼ 9
❽ 55
❾ 4
❿ 10
⓫ 2

⓬ 39
⓭ 7
⓮ 5
⓯ 8
⓰ 68
⓱ 6
⓲ 10

136쪽

⑲ 6
⑳ 18
㉑ 16
㉒ 27
㉓ 20
㉔ 24
㉕ 12

㉖ 45
㉗ 48
㉘ 50
㉙ 72
㉚ 81
㉛ 90
㉜ 100

137쪽

㉝ 11
㉞ 3
㉟ 5
㊱ 3
㊲ 5
㊳ 9
㊴ 9

㊵ 8
㊶ 18
㊷ 55
㊸ 9
㊹ 42
㊺ 35
㊻ 63

33 비례배분

138쪽

❶ 1, 3, 1 / 1, 3, 3
❷ 1, 2, 2 / 1, 2, 4

❸ 2, 7, 2 / 2, 7, 7
❹ 2, 3, 4 / 2, 3, 6

139쪽

❺ 2, 5
❻ 3, 8
❼ 8, 6
❽ 6, 9
❾ 14, 6
❿ 9, 15
⓫ 5, 25

⓬ 30, 12
⓭ 35, 21
⓮ 14, 49
⓯ 44, 77
⓰ 99, 45
⓱ 104, 65
⓲ 60, 210

140쪽

⑲ 1, 2
⑳ 6, 10
㉑ 16, 2
㉒ 12, 9
㉓ 6, 30
㉔ 36, 8
㉕ 32, 16

㉖ 25, 35
㉗ 8, 56
㉘ 56, 16
㉙ 45, 36
㉚ 16, 72
㉛ 78, 13
㉜ 56, 49

141쪽

㉝ 84, 24
㉞ 44, 68
㉟ 52, 64
㊱ 31, 93
㊲ 104, 26
㊳ 58, 87
㊴ 63, 105

㊵ 125, 50
㊶ 147, 42
㊷ 180, 30
㊸ 147, 98
㊹ 132, 143
㊺ 133, 152
㊻ 90, 198

34 계산 Plus+ 비례식과 비례배분

142쪽

❶ 5 : 3
❷ 4 : 3
❸ 13 : 6
❹ 16 : 157
❺ 45 : 88
❻ 145 : 24
❼ 189 : 110
❽ 17 : 45

143쪽

❾ 6, 16 / 18, 4
❿ 4, 28 / 20, 12
⓫ 32, 36 / 52, 16
⓬ 60, 24 / 36, 48
⓭ 30, 90 / 50, 70
⓮ 98, 28 / 56, 70

144쪽

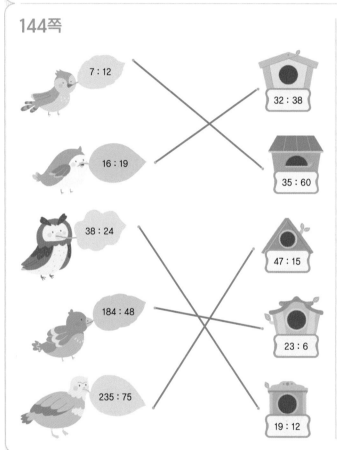

145쪽

44 : 24 = 11 : ★
★ = 6

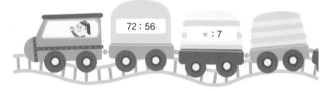

72 : 56 = ★ : 7
★ = 9

146쪽

❶ (위에서부터) 72, 42, 6

❷ (위에서부터) 4, 21, 7

❸ 25, 40

❹ 16, 12

❺ 7 : 8

❻ 13 : 9

❼ 24 : 5

❽ 1 : 5

❾ 86 : 63

147쪽

❿ 19 : 12

⓫ 15 : 32

⓬ 30 : 49

⓭ 49 : 15

⓮ 27 : 50

⓯ 1 : 6

⓰ 17 : 36

⓱ 13

⓲ 7

⓳ 15, 10

⓴ 63, 45

36 원주 구하기

150쪽

❶ 3 cm
❷ 33 cm
❸ 15 cm
❹ 51 cm

151쪽

❺ 65.1 cm
❻ 74.4 cm
❼ 96.1 cm
❽ 117.8 cm
❾ 142.6 cm
❿ 71.3 cm
⓫ 83.7 cm
⓬ 102.3 cm
⓭ 127.1 cm
⓮ 155 cm

152쪽

⓯ 12.4 cm
⓰ 31 cm
⓱ 43.4 cm
⓲ 55.8 cm
⓳ 80.6 cm
⓴ 24.8 cm
㉑ 37.2 cm
㉒ 49.6 cm
㉓ 62 cm
㉔ 93 cm

153쪽

㉕ 18.84 cm
㉖ 75.36 cm
㉗ 113.04 cm
㉘ 157 cm
㉙ 69.08 cm
㉚ 87.92 cm
㉛ 131.88 cm
㉜ 175.84 cm

37 원주를 이용하여 지름 또는 반지름 구하기

154쪽

❶ 3 cm
❷ 6 cm
❸ 8 cm
❹ 4 cm
❺ 7 cm
❻ 12 cm

155쪽

❼ 22 cm
❽ 28 cm
❾ 32 cm
❿ 36 cm
⓫ 45 cm
⓬ 25 cm
⓭ 29 cm
⓮ 34 cm
⓯ 37 cm
⓰ 48 cm

156쪽

⓱ 3 cm
⓲ 6 cm
⓳ 7 cm
⓴ 12 cm
㉑ 24 cm
㉒ 4 cm
㉓ 5 cm
㉔ 8 cm
㉕ 13 cm
㉖ 26 cm

157쪽

㉗ 19 cm
㉘ 22 cm
㉙ 26 cm
㉚ 29 cm
㉛ 20 cm
㉜ 24 cm
㉝ 27 cm
㉞ 31 cm

38

원의 넓이 구하기

158쪽
❶ 75 cm²
❷ 243 cm²
❸ 507 cm²
❹ 147 cm²
❺ 363 cm²
❻ 675 cm²

159쪽
❼ 12.4 cm²
❽ 111.6 cm²
❾ 793.6 cm²
❿ 1367.1 cm²
⓫ 2259.9 cm²
⓬ 27.9 cm²
⓭ 446.4 cm²
⓮ 1004.4 cm²
⓯ 1639.9 cm²
⓰ 2790 cm²

160쪽
⓱ 49.6 cm²
⓲ 151.9 cm²
⓳ 251.1 cm²
⓴ 375.1 cm²
㉑ 607.6 cm²
㉒ 77.5 cm²
㉓ 111.6 cm²
㉔ 310 cm²
㉕ 523.9 cm²
㉖ 697.5 cm²

161쪽
㉗ 12.56 cm²
㉘ 200.96 cm²
㉙ 803.84 cm²
㉚ 1256 cm²
㉛ 28.26 cm²
㉜ 452.16 cm²
㉝ 907.46 cm²
㉞ 1808.64 cm²

39

계산 Plus+ 원주, 지름(반지름), 원의 넓이 구하기

162쪽
❶ 27, 36
❷ 43.96, 53.38
❸ 31, 49.6
❹ 38, 41
❺ 18, 22
❻ 20, 21

163쪽
❼ 48, 147
❽ 111.6, 198.4
❾ 254.34, 379.94
❿ 523.9, 697.5
⓫ 314, 452.16
⓬ 588, 768
⓭ 895.9, 1119.1
⓮ 1017.36, 1384.74

164쪽

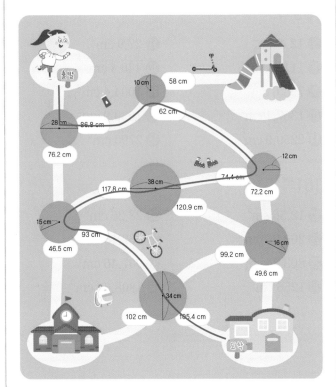

165쪽

40 원의 둘레와 넓이 평가

166쪽

❶ 27.9 cm
❷ 31 cm
❸ 43.4 cm
❹ 99.2 cm
❺ 111.6 cm

❻ 5 cm
❼ 7 cm
❽ 18 cm
❾ 21 cm
❿ 26 cm

167쪽

⓫ 300 cm²
⓬ 432 cm²
⓭ 588 cm²
⓮ 768 cm²
⓯ 867 cm²

⓰ 50.24 cm²
⓱ 78.5 cm²
⓲ 153.86 cm²
⓳ 200.96 cm²
⓴ 379.94 cm²

170쪽　❶계산 결과를 기약분수 또는 대분수로 나타내지 않아도 정답으로 인정합니다.

❶ 4

❷ $\dfrac{2}{5}$

❸ $\dfrac{16}{21}$

❹ 12

❺ $2\dfrac{9}{20}$

❻ $1\dfrac{11}{24}$

❼ 14

❽ 12

❾ 4

❿ 3.3

⓫ 5

⓬ 36

171쪽

⓭ (위에서부터) 21, 6 / 3

⓮ (위에서부터) 2, 7 / 5

⓯ 2 : 1

⓰ 17 : 4

⓱ 9, 4

⓲ 15, 9

⓳ 12.4

⓴ 78.5

172쪽　❶계산 결과를 기약분수 또는 대분수로 나타내지 않아도 정답으로 인정합니다.

❶ 2

❷ $1\dfrac{2}{5}$

❸ $2\dfrac{1}{22}$

❹ $11\dfrac{2}{3}$

❺ $6\dfrac{2}{5}$

❻ 12

❼ $1\dfrac{2}{3}$

❽ 13

❾ 3.5

❿ 6

⓫ 2

⓬ 0.7

173쪽

⓭ (위에서부터) 30, 72 / 6

⓮ (위에서부터) 7 / 8, 5

⓯ 12 : 5

⓰ 3 : 2

⓱ 9

⓲ 21, 36

⓳ 43.4

⓴ 113.04

174쪽 ❶ 계산 결과를 기약분수 또는 대분수로
나타내지 않아도 정답으로 인정합니다.

❶ 4

❷ $1\frac{2}{3}$

❸ $\frac{4}{7}$

❹ $9\frac{1}{3}$

❺ 10

❻ $3\frac{3}{4}$

❼ $\frac{5}{6}$

❽ 14

❾ 7.5

❿ 75

⓫ 3 / 1.7

⓬ 10 / 2.6

175쪽

⓭ (위에서부터) 7
／ 168, 105

⓮ (위에서부터) 12 / 8, 11

⓯ 4 : 3

⓰ 7 : 6

⓱ 25

⓲ 44, 24

⓳ 15

⓴ 9, 254.34

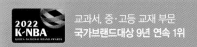
매일 성장하는 초등 자기개발서

완자 공부력

하루 4쪽으로 개발하는 공부력과 공부 습관

W 완자
공부력

매일 성장하는 초등 자기개발서!

- 어휘력, 독해력, 계산력, 쓰기력을 바탕으로 한 **초등 필수 공부력 교재**
- 하루 4쪽씩 풀면서 기르는 **스스로 공부하는 습관**
- '공부력 MONSTER' 앱으로 학생은 **복습**을, 부모님은 **공부 현황을 확인**

쓰기력 UP	맞춤법 바로 쓰기	**어휘력 UP**	전과목 어휘 / 전과목 한자 어휘 / 파닉스 / 영단어
계산력 UP	수학 계산	**독해력 UP**	국어 독해 / 한국사 독해 인물편, 시대편

완자·공부력·시리즈 매일 4쪽으로 스스로 공부하는 힘을 기릅니다.

대표전화 1544-0554
주소 서울특별시 구로구 디지털로33길 48 대륭포스트타워 7차 20층
협의 없는 무단 복제는 법으로 금지되어 있습니다.